Russisch Blau Katzenpflege

Pflege, Ernährung und häufige Krankheiten rund um Deine Russisch Blau

Ein Ratgeber für Russisch Blau Halter

Expertengruppe Verlag

Die Inhalte dieses Buches wurden mit größter Sorgfalt erstellt. Für die Richtigkeit, Vollständigkeit und Aktualität der Inhalte kann jedoch keine Gewähr übernommen werden. Der Inhalt des Buches repräsentiert die persönliche Erfahrung und Meinung des Autors. Es wird keine juristische Verantwortung oder Haftung für Schäden übernommen, die durch kontraproduktive Ausübung oder durch Fehler des Lesers entstehen. Es kann auch keine Garantie auf Erfolg übernommen werden. Der Autor übernimmt daher keine Verantwortung für das Nicht-Gelingen der im Buch beschriebenen Methoden.

Sämtliche hier dargestellten Inhalte dienen somit ausschließlich der neutralen Information. Sie stellen keinerlei Empfehlung oder Bewerbung der beschriebenen oder erwähnten Methoden dar. Dieses Buch erhebt weder einen Anspruch auf Vollständigkeit, noch kann die Aktualität und Richtigkeit der hier dargebotenen Informationen garantiert werden. Dieses Buch ersetzt keinesfalls die fachliche Beratung und Betreuung durch einen Tierarzt. Der Autor und die Herausgeber übernehmen keine Haftung für Unannehmlichkeiten oder Schäden, die sich aus der Anwendung der hier dargestellten Information ergeben.

Russisch Blau

Katzenpflege

Pflege, Ernährung und häufige Krankheiten rund um Deine Russisch Blau

Ein Ratgeber für Russisch Blau Halter

Expertengruppe Verlag

INHALTSVERZEICHNIS

ÜBER DIE AUTORIN

Susanne Herzog ist ein echter Tierfreund – wobei es ihr Katzen ganz besonders angetan haben, was nicht verwundert, ist sie doch in einem Katzenhaushalt aufgewachsen.

Schon in ihrer frühen Jugend baute sie ihre Liebe für Tiere aus, indem sie regelmäßig in einem Tierheim aushalf. Dort kam sie auch zum ersten Mal mit der Schattenseite der Tierhaltung – mit verwahrlosten, traumatisierten und kaum sozialisierten Tieren – in Verbindung. Ihre Leidenschaft wurde geweckt und sie begann zu analysieren, wie es dazu kam. Doch noch viel wichtiger, als die Gründe zu erforschen, war es für sie, herauszufinden, wie die meisten Probleme von Beginn an vermieden werden konnten. Darauf aufbauend entwickelte sie Methoden, wie sie Tieren mit akutem Problemverhalten wieder zu einem besseren und normaleren Leben verhelfen konnte.

Um mit ihrem Wissen nicht nur den Katzen im Tierheim, in dem sie auch heute noch ehrenamtlich tätig ist, ein besseres Leben zu verschaffen, gibt Susanne Herzog mehrmals jährlich Seminare für gestresste Katzenhalter. Aus ihrer Erfahrung und dem Feedback der Teilnehmer entstand schließlich die Idee, ihr umfangreiches und praxistaugliches

Wissen einem größeren Personenkreis als Buch verfügbar zu machen.

Ihr Ziel ist es, Katzenbesitzern dabei zu helfen, ihren Samtpfoten ein spannendes, abwechslungsreiches, aber auch artgerechtes Leben zu bieten. Sie möchte verhindern, dass zu wenig Beschäftigung und Abwechslung zu großen Problemen und Verhaltensauffälligkeiten werden, die später dazu führen, dass Katzen in einem Tierheim abgegeben werden.

Nach langer Recherche-, Schreib- und Korrekturarbeit kam schlussendlich dieser Ratgeber dabei heraus. Neben allgemeingültigen Anleitungen zur Katzenpflege wird hier besonders auf die Bedürfnisse von Russisch Blau Katzen eingegangen. Er soll jedem Russisch Blau Halter einen Leitfaden an die Hand geben, um ohne besondere Vorkenntnisse seine Katze ausreichend und artgerecht zu pflegen. Jede Katze ist es wert, die notwendige Pflege zu erhalten, die viele uninformierte Katzenhalter nicht bieten können.

Wer sich an die Tipps und Hinweise in diesem Ratgeber hält, der kann sich sicher sein, dass er viele Jahre lang Freude an einem außergewöhnlich großartigen Begleiter haben wird.

VORWORT

Herzlichen Glückwunsch! Du hast das große Glück, Dein Leben mit einer Russisch Blau zu teilen oder Du stehst kurz davor, diese Erfahrung zu machen. Mit dieser großartigen und unvergleichlichen Rasse wirst Du noch viel Freude erleben und Dein neuer vierbeiniger Freund wird aus Deinem Leben gar nicht mehr wegzudenken sein.

Es ist wissenschaftlich bewiesen, dass die Haltung von Katzen eine positive Wirkung auf uns Menschen hat. Du wirst es selbst wissen, denn fängst Du nicht auch automatisch an zu strahlen und Dich zu freuen, wenn Dich Deine Russisch Blau morgens oder nach der Arbeit glücklich begrüßt? Kannst Du nicht auch richtig gut entspannen, wenn Deine Katze zufrieden brummend auf Deinem Bauch liegt, während Du Dir einen Film anschaust?

Katzen sind wahre Stresskiller für uns Menschen. Ihre ruhige und ausgeglichene Art sorgt dafür, dass wir uns besser und glücklicher fühlen. Selbst chronisch Kranke haben bestätigt, dass sie sich durch Katzen besser fühlen. Dein vierbeiniger Freund ist also ein echter Bonus für Deine Gesundheit.

Und genau deshalb ist es wichtig, dass Du auch auf die Gesundheit Deiner Russisch Blau achtest. Nicht umsonst

hieß es in einer bekannten Katzenfutterwerbung der 1990er „Ist die Katze gesund, freut sich der Mensch“. Dass Du Dich darum kümmerst, ist umso wichtiger, weil es Deine Katze häufig selbst nicht kann. Viele Katzenrassen sind heute leider überzüchtet, sodass es zu Erkrankungen und Problemen kommt, die unvorbereitete Halter überfordern. Daher empfehle ich Dir an dieser Stelle nochmal ausdrücklich: Augen auf beim Katzenkauf!

Schaue Dir die Elterntiere – wenn möglich – genau an und frage den Züchter über Krankheiten in der bisherigen Zucht aus. Sollte das Kitten schon beim Kauf vorbelastet sein, wirst Du wahrscheinlich auch später viele krankheitsbedingte Probleme mit ihm haben. Wenn Du das vermeiden möchtest, solltest Du beim Kauf unbedingt darauf achten und gegebenenfalls einen Tierarzt zu Rate ziehen. Bei Tierheimkatzen liegen Dir leider selten ausreichend Informationen über die Elterntiere vor, dafür sind die Katzen in der Regel aber durch erfahrene Tierärzte untersucht worden.

Neben den zuchtbedingten Problemen stellen aber auch viele moderne Abläufe und Entwicklungen unsere Katzen vor Herausforderungen, die ihre wilden Vorfahren in dieser Form nicht kannten. Daher ist es häufig nötig, bestimmte vorbeugende Maßnahmen zu ergreifen, bei denen ein Nicht-Katzenkenner nur mit dem Kopf schüttelt und mit dem typischen Argument, „ein Tiger braucht das aber nicht“

ankommt. Wenn Dir jemand so etwas sagt, kann ich Dir nur empfehlen, es zu ignorieren. Dir geht es schließlich um das Wohl Deiner Katze.

Mit diesem Ratgeber möchte ich Dir das nötige Wissen und die Sicherheit an die Hand geben, damit Du die Gesundheit Deiner Russisch Blau jederzeit im Blick hast und darüber hinaus weißt, wie Du zu reagieren hast, wenn mal etwas nicht stimmt.

Denn wahrscheinlich geht es Dir in diesem Fall ähnlich wie mir früher: Ich leide förmlich mit und möchte alles in meiner Macht stehende unternehmen, um ihr die Schmerzen zu nehmen, aber ich wusste leider überhaupt nicht, was ich machen sollte.

Natürlich lässt sich nicht gänzlich vermeiden – auch nicht mit diesem Ratgeber – dass Deine Katze krank wird. Was Du aber hiermit erreichen kannst, ist, dass durch Vorbeugung manche Probleme entweder gar nicht auftreten oder frühzeitig erkannt werden.

Abschließend ist es mir wichtig zu betonen, dass Du in diesem Ratgeber ausschließlich Tipps und Empfehlungen erhältst, die ich aus eigener Erfahrung gesammelt habe und die in der Katzenhaltung allgemein anerkannt sind. Dieser Ratgeber kann einen Besuch beim Tierarzt nicht ersetzen. Er dient dazu, Dir Wissen zu vermitteln und Handlungsempfehlungen auszusprechen. Sollte Deine Russisch Blau akute oder langanhaltende Probleme haben, solltest Du unbedingt mit ihr zum Arzt gehen!

Ich wünsche Dir und Deiner Russisch Blau für die Zukunft alles Gute und vor allen Dingen viel Gesundheit!

- Kapitel 1 -

WAS DU ÜBER DEINE RUSSISCH BLAU WISSEN MUSST

Wusstest Du, dass es laut des internationalen Dachverbandes der Katzenzuchtvereine (FIFe) nach heutigem Stand offiziell über 48 verschiedene anerkannte Hauskatzenrassen gibt? Deine Russisch Blau ist damit nur eine Rasse unter vielen. Natürlich trifft auf die meisten Rassen vieles zu, was auch für andere gilt. Schließlich stammt jede Katze in irgendeiner Form von seiner Urahnin, der Raubkatze, ab. Manchen siehst Du es jedoch mehr an als anderen.

Damit Du genau weißt, auf was Du Dich mit Deiner Russisch Blau eingelassen hast, möchte ich dieses Kapitel nutzen, um Dir einen kurzen Überblick über diese faszinierende Rasse zu verschaffen.

Denn um ehrlich zu sein, ist eine Russisch Blau nicht gleich eine Russisch Blau. In Europa unterscheiden wir derzeit zwischen drei verschiedenen Zuchtzweigen, die durchaus ihre Unterschiede haben. Als erstes wäre da der skandinavische/sibirische Typ. Die Katzen dieses Typs sind etwas kleiner, sehr elegant, etwas dunkler gefärbt, aber auch menschenscheu, weswegen sie eher selten gezüchtet werden. Das ist beim amerikanischen Typ anders. Die Tiere dieser Züchtungslinie sind deutlich kontaktfreudiger und sogar Fremden gegenüber aufgeschlossen. Außerdem sind sie etwas größer und heller in der Färbung. Beim dritten und letzten Typ handelt es sich um den englischen Zweig. Dieser liegt bei fast allem genau zwischen den beiden bisher beschriebenen Typen. Er ist zudem etwas kräftiger gebaut und dadurch nicht ganz so elegant. Ein weiteres Unterscheidungsmerkmal sind die Ohren. Diese sind beim amerikanischen Typ am weitesten auseinanderstehend und beim englischen am engsten.

In Deutschland triffst Du meist nicht auf einen reinen Typ, sondern aus einer Mischung aus allen drei. Tatsächlich ist dies sogar sehr gewünscht, um die genetische Vielfalt zu erhalten und Inzuchtprobleme wie bei anderen Rassen zu vermeiden.

Doch wie ist diese wunderschöne und elegante Rasse überhaupt entstanden? Wie der Name vermuten lässt, stammt sie aus Russland. Dort (der Legende nach aus Archangelsk) wurde diese natürlich entstandene Katzenrasse von Matrosen entdeckt und Ende des 19. Jahrhunderts nach England gebracht. In England angelangt, eroberte die elegante Samtpfote in kürzester Zeit die Herzen der Katzenfreunde und wurde 1937 als eigenständige Rassekatze zugelassen.

Durch den zweiten Weltkrieg wäre sie dann fast ausgestorben, doch durch die Einkreuzung der Siamkatze und der Britischen wie auch der Europäischen Kurzhaar gelang es, die Rasse zu erhalten.

Heute ist die Russisch Blau bekannt für ihre Eleganz, die durch die mittelschlanke Figur und die langen Beine noch hervorgehoben wird. Beim Fell handelt es sich um ein sogenanntes Doppelfell, bei dem das Deckhaar gleich lang ist wie die Unterwolle – eine Eigenheit, die es so nur bei der Russisch Blau gibt. Das hat zur Folge, dass das Fell leicht absteht und besonders weich ist, was fast schon an ein Kuscheltier erinnert. Als Fellfarben sind bisher nur blau und blaugrau anerkannt, wobei es auch Bestrebungen gibt, schwarze und weiße Katzen ebenfalls zuzulassen (was in manchen Ländern bereits geschehen ist). Zeichnungen oder Flecken jedweder Art sind jedoch laut keinem Rassenstandard erlaubt. Wundere Dich aber nicht, wenn Dein Kitten am Anfang eine Zeichnung aufweist, das ist normal. Sie sollte jedoch mit Vollendung des ersten Lebensjahres verschwinden. Der einzigartige silbrige Schimmer entsteht übrigens dadurch, dass die Haarspitzen farblos sind. Bei ausgewachsenen Tieren sind die Augen grün bis leuchtend smaragdfarben.

Der Charakter und das Wesen der Russisch Blau sind ebenso edel wie ihr äußeres Erscheinungsbild. Sie zeigt sich gerne als stolze Russin und wird dabei auch schon mal zur wählerischen Diva. Obwohl sie als Kitten sehr wild und aufgeweckt ist, sind ausgewachsene Katzen dieser Rassen deutlich ruhiger und meiden Trubel lieber. Doch auch erwachsene Katzen spielen noch für ihr Leben gerne, was insbesondere an ihrer hohen Intelligenz liegt. Für Dich ist wichtig zu wissen, dass die Russisch Blau zwar körperlich nicht übermäßig ausgelastet werden muss, dafür aber geistig. Nicht selten verblüfft sie ihre Halter mit schnell erlernten Fähigkeiten wie beispielsweise dem Öffnen von Türen und Schubladen. Katzenspielzeug solltest Du daher zu Genüge vorrätig haben und immer wieder austauschen.

Obwohl sie sehr anhänglich ist, muss Du Dir ihr Vertrauen erst verdienen. Im Gegensatz zu anderen Rassen, wählt sich die Russisch Blau bewusst aus, mit wem sie ihre Zeit verbringen möchte. Ist die Entscheidung jedoch einmal gefällt, ist sie überaus treu und loyal und verlangt regelmäßig nach ausgiebigen Streicheleinheiten. Fremden gegenüber zeigt sie sich meist deutlich scheuer als andere Katzen.

Für die Haltung rate ich Dir, sie nicht zu lange allein zu lassen. Ich würde sogar empfehlen, eine Zweitkatze hinzuzuholen, da sie ihre Gesellschaft sehr schätzen wird. Ansonsten stellt sie nur geringe Ansprüche und ist sehr genügsam. Sie kann komplett als Wohnungskatze gehalten werden. Einem Garten gegenüber ist sie jedoch niemals abgeneigt, da sie es genießt, die Natur zu beobachten und auch das ein oder andere Jagdabenteuer lehnt sie nicht ab. Sie muss allerdings kein Freigänger sein, um ein zufriedenes und ausgeglichenes Katzenleben zu führen. Viel wichtiger als Zugang zur Außenwelt ist für Deine Russisch Blau die Nähe, die gemeinsame Zeit und der liebevolle Umgang mit Dir und allen anderen Menschen und Tieren im Haushalt. Für sie ist es wichtig, am Familienleben teilzunehmen und in Aktivitäten integriert zu sein. Ob das drinnen oder draußen stattfindet, ist für Deine Russisch Blau vollkommen zweitrangig.

Dadurch, dass ihr Ruhe und auch ein strukturierter Tagesablauf wichtig sind, ist ein kinderloser Haushalte für diese Rasse zu bevorzugen. Zwar ist sie diesen gegenüber selten aggressiv, doch der Lärm, der Trubel und das hohe Aktivitätslevel könnten für Deine Russisch Blau schnell zu viel werden.

Du merkst, was für eine tolle Rasse Du Dir ausgesucht hast! Auf der nachfolgenden Seite findest Du ergänzend noch ein Rassenkurzportrait, das den gültigen Standard der FIFe wiedergibt.

Zwar reichen diese Seiten noch nicht aus, um diese großartige Rasse in ihrer Gänze wiederzugeben, aber ich hoffe, dass ich Dir ein Bild davon zeichnen konnte, was Deine Russisch Blau wirklich ausmacht. Natürlich gibt es bei jeder

Rasse Exemplare, die dieser Beschreibung nicht vollkommen entsprechen und manche Merkmale deutlich stärker oder eben schwächer ausgeprägt haben. Im Großen und Ganzen sollte es Dir jedoch möglich sein, Deine Russisch Blau in dieser Beschreibung wiederzuerkennen.[1]

[1] Möchtest Du zusätzlich noch etwas über die Erziehung und über das Training Deiner Russisch Blau erfahren, empfehle ich Dir die ersten beiden Bücher dieser Reihe. Genaue Informationen zu den beiden Büchern findest Du am Ende dieses Ratgebers.

Rassenkurzportrait:

Bild	
Herkunft	Russland
Größe	Mittelgroß Schulterhöhe: Bis 40 cm bei Katern, bis 30 cm bei Katzen
Gewicht	Katze: 2,5 – 4 kg Kater: 4 – 6 kg
Körperbau	Der Körper ist sehr muskulös, gleichzeitig aber mittelschlank. Die Pfoten sind recht klein, die Beine dafür sehr hoch.
Kopfform	Die Kopfform ist kantig. Durch die ausgeprägten Schnurrhaarkissen entsteht das typische „Lächeln“ dieser Rasse. Die Ohren sind sehr groß.
Augen	Die Augen sind mandelförmig und leuchtend grün bis smaragdfarben.
Fell und Farbe	Sowohl die Unterwolle als auch das Deckhaar sind gleichlang und kurz. Beide sind einfarbig schimmernd grau. Der

	Silberschimmer entsteht durch die farblosen Haarspitzen.
Fellpflege	Das Fell ist sehr pflegeleicht. Einmaliges Bürsten die Woche reicht vollkommen aus. Da die Russisch Blau kaum Haare verliert, ist sie sehr Allergiker freundlich.
Charakter	Sie ist ruhig, anhänglich, aber trotzdem verspielt. Außerdem ist sie sehr intelligent.
Besonderheiten	Sie ist sehr sensibel und ihr Vertrauen muss sich erst verdient werden.

- Kapitel 2 -

GRUNDLAGEN DER ERNÄHRUNG

In diesem Kapitel erfährst Du zunächst, worauf es bei der Fütterung Deiner Katze im Allgemeinen ankommt. Ich erläutere zunächst einige Regeln, die die Fütterung an sich betreffen und gehe anschließend auf die einzelnen Ernährungsformen wie Fertigfutter, BARF, selbstgekochtes Essen, Vegetarismus und Veganismus ein. Darauf aufbauend besprechen wir, was Du bei Deiner Russisch Blau in Bezug auf ihre Ernährung besonders zu beachten hast.

Anschließend widmen wir uns kurz einem Thema, das von vielen vollkommen unterschätzt wird: Dem Wasserbedarf Deiner Russisch Blau. Viel zu häufig kommt es vor, dass Halter es versäumen, ihrer Katze ausreichend Flüssigkeiten zur Verfügung zu stellen. Deshalb erhältst Du von mir auch Tipps, wie Du Deine Katze zum Trinken animierst.

GRUNDREGELN ZUR FÜTTERUNG

Es mag zwar im ersten Moment überraschend klingen, doch bei der Fütterung kommt es nicht nur darauf an, was Du fütterst, sondern auch wie. Genau aus diesem Grund erfährst Du in diesem Kapitel, wie die Fütterung Deiner Russisch Blau ablaufen sollte. Es gibt viele Details, die Katzenhalter nicht kennen und dadurch automatisch der Gesundheit ihrer Katze schaden können oder aber die Fütterung deutlich erschweren.

Wichtig ist mir, an dieser Stelle erneut zu betonen, dass diese Tipps auf meiner eigenen Ausbildung und Erfahrung, einer ausgiebigen Recherche und vielen Gesprächen mit anderen Katzentrainern basieren. Solltest Du Dir Sorgen machen, bitte ich Dich, die Umsetzung vorab mit Deinem Tierarzt zu besprechen.

Eine der häufigsten Fragen, die mir von Katzenhaltern gestellt wird und die sehr intensiv diskutiert wird, ist die Frage, wie oft Deine Russisch Blau eigentlich gefüttert werden soll. Meine erste Antwort darauf lautet stets: Es kommt drauf an!

Doch worauf?

Da ist beispielsweise das Alter der Katze. Ein Kitten wird am Anfang mindestens sechsmal täglich gefüttert. Ich empfehle Dir, Deine ausgewachsene Russisch Blau mindestens dreimal täglich zu füttern. Dabei spielt der Tagesablauf von Dir und auch die Gesundheit Deiner Katze eine Rolle.

Katzen in der freien Wildbahn verbringen meist 12 bis 16 Stunden am Tag damit, zu jagen und müssen dabei circa 10 Mäuse fangen, um ihren Kalorienbedarf zu decken. Ihr Verdauungstrakt ist daher darauf ausgelegt, häufig kleinere Portionen zu sich zu nehmen und nicht eine ganze Tagesration auf einmal. Durch ihre Abhängigkeit von uns als Halter verlieren leider viele Hauskatzen ihr natürliches Fressmuster. Zu große Mahlzeiten führen häufig dazu, dass sich der Magen Deiner Russisch Blau zu weit ausdehnt, was wiederum zu Erbrechen führt. Sollte sich Deine Katze häufiger nach dem Fressen erbrechen, ist es ein klares Zeichen dafür, dass die Portionen zu groß sind.

Der freie Zugang zu Futter (beispielsweise durch einen von Dir immer wieder aufgefüllten Futterteller) führt jedoch auch nicht zu einem verbesserten oder natürlicheren Lebensstil Deiner Katze. Es führt stattdessen meist dazu, dass Deine Katze mehr Kalorien zu sich nimmt, als sie am Tag verbraucht und endet in den meisten Fällen mit Übergewicht. Tatsächlich sind in Deutschland 50 % aller Katzen übergewichtig, was meist ein großes Gesundheitsrisiko darstellt. Außerdem geht das Übergewicht gerne mit verschiedenen Krankheiten einher wie zum Beispiel Diabetes mellitus, Lahmheit oder Tumoren. Auch die Lebenserwartung wird durch zu viel Gewicht reduziert.

Abhängig vom zusätzlichen Gewicht kommt es bei Deiner Katze zudem zu Verhaltenseinschränkungen: Sie wird weniger springen, weniger jagen, weniger spielen und weniger erkunden. Ist sie schließlich über einen längeren Zeitraum nicht fähig, ihr natürliches Verhalten auszuleben, führt das Übergewicht nicht selten zu Depressionen und starkem Problemverhalten.

Ich möchte Dir mit diesen Worten kein Schreckensszenario aufzeichnen, aber mir ist wichtig, dass Du verstehst, dass Übergewicht ein echtes Problem für Deine Russisch Blau darstellt. Achte daher genau darauf, dass sie keine unnötigen Fettpölsterchen bildet und lasse sie regelmäßig von einem Tierarzt untersuchen.

Für meine Katzen habe ich das Problem der vielen kleinen Mahlzeiten folgendermaßen gelöst: Sie erhalten morgens, mittags und abends zusammen mit uns eine feste Mahlzeit aus ihren Tellern. Zudem legen wir vormittags und am späten Nachmittag Spiel-, Jagd- und Trainingseinheiten ein, bei denen sie sich ihr Essen verdienen müssen. Auf diese Weise komme ich insgesamt zu 5 Fütterungseinheiten. Die festen Mahlzeiten bestehen bei uns aus Nassfutter, das Trainingsfutter ist meist Trockenfutter oder als besonderer Happen schon mal Leberwurst. Wenn Du berufstätig bist und nicht aus dem Homeoffice heraus arbeiten kannst, solltest Du einmal schauen, ob es hilfsbereite Nachbarn gibt, die Deiner Samtpfote mittags ihr Essen geben können.

Ein weiterer Tipp, den ich für Dich habe, ist die Fütterung möglichst immer zur gleichen Zeit und an der gleichen Stelle durchzuführen. Was meine ich damit? Katzen sind Gewohnheitstiere und lieben feste und gleichbleibende Abläufe. Sie bevorzugen es einfach, wenn ihr Tagesrhythmus immer gleichbleibt und sie genau wissen, was wo als nächstes passiert.

Ein weiterer wichtiger und unterschätzter Aspekt bei der Fütterung ist der Ort. Manche Halter gehen leider davon aus, dass ihre Katze an abgeschiedenen und ruhigen Orten ihr Fressen erhalten soll, wo sie auf keinen Fall gestört wird. Natürlich ist es wichtig, dass Deine Russisch Blau beim Fressen ihre Ruhe hat. Kinder sollten sie zu dieser Zeit nicht bedrängen und zum Spielen auffordern. Sie wird es aber wahrscheinlich auch nicht mögen, allein und komplett isoliert vom Rest der Familie zu fressen. Wähle für Deine Russisch Blau daher einen Platz aus, an dem sie zwar ungestört fressen kann, aber immer noch ins Geschehen integriert ist. So bekommt sie alles mit, sie lernt aber gleichzeitig auch, dass es in Ordnung ist, wenn sich ihr Menschen nähern und an ihr vorbei gehen, wenn sie frisst. So überraschend das klingen mag, aber Katzen, die gewohnt sind, immer allein zu Essen, können überaus aggressiv reagieren, wenn sich ihnen plötzlich Menschen nähern. Vermeide dies von Anfang an, indem Du diesem Tipp folgst.

Meine Katzen erhalten ihr Fressen auch immer zeitgleich wenn ich frühstücke und zu Mittag oder Abend esse. Das hat zum einen den Vorteil, dass ich sowieso schon in der Küche unterwegs bin und zum anderen sind sie selbst abgelenkt und interessieren sich deutlich weniger für das, was gerade für mich auf dem Esstisch steht.

Hat Deine Katze fertig gegessen, empfehle ich Dir, den Teller sofort wegzustellen – und zwar unabhängig davon, ob noch etwas drin ist oder nicht. Wieso ist dieser Tipp so hilfreich? Du gewöhnst Deine Katze daran, alles auf einmal leer zu essen, was sehr nützlich ist, wenn es mal schnell gehen soll.

Direkt im Anschluss an die Fütterung empfehle ich Dir, eine Ruhepause einzuhalten. Deine Russisch Blau sollte mindestens eine Stunde nach der Essensgabe nicht schnell laufen oder springen. Ein ruhiger Ausgang in den Garten, bei dem sie sich erleichtern kann, ist natürlich unbedenklich. Hüpfen, Springen und Laufen sollte sie dabei aber lieber unterlassen. Wieso? Der Magen Deiner Katze ist nach der Fütterung verständlicherweise sehr voll, kommen plötzliche Bewegungen dazu, kann dies zu einer Magendrehung führen, die in 15 bis 45 Prozent der Fälle tödlich verläuft. Was genau eine Magendrehung ist, wie Du sie erkennst und was dann zu tun ist, erfährst Du in Kapitel 4 – Häufige Erkrankungen.

Abschließend rate ich Dir, nicht zu häufig das Futter Deiner Katze umzustellen. Jede Umstellung kann zu Magen-Darm-Beschwerden führen. Zu einer Umstellung gehört nicht nur, von Trockenfutter auf Nassfutter zu wechseln, sondern auch schon ein Wechsel der Marke oder Futterart. Ein Wechsel der Geschmacksrichtung derselben Marke stellt jedoch meist kein Problem dar und ist sogar wünschenswert. Biete Deiner Russisch Blau immer wieder neue Geschmacksrichtungen an. Gewöhne sie am besten sogar schon von klein auf daran, dass nicht jeden Tag das gleiche auf den Teller kommt, sondern eröffne ihr die Welt der unterschiedlichen Geschmäcker. Je früher sie lernt, dass Futter unterschiedlich schmecken kann, desto geringer ist die Wahrscheinlichkeit, dass sie neues Futter ablehnt. Eine generelle Umstellung des Futters sollte außerdem immer nur schrittweise erfolgen, sprich Du startest ganz langsam und ersetzt nur einen geringen Teil des alten Futters durch das neue. Die Menge kannst Du langsam steigern, bis Du nach circa 3 bis 4 Wochen das Futter komplett ersetzt hast.

Sollte Deine Russisch Blau ein schlechter Esser sein, empfehle ich Dir, die Temperatur des Essens zu überprüfen. Ist das Nassfutter beispielsweise zu kalt, weil Du es gerade aus dem Kühlschrank genommen hast, oder ist das Trockenfutter mit kaltem Wasser aufgefüllt, ist es vielen Katzen zu unangenehm zu essen. Achte immer darauf, dass die angebotene Nahrung Zimmertemperatur (oder ich nenne es auch gerne Mäusetemperatur) hat. Bei Trockenfutter empfiehlt es sich außerdem, dieses für mindestens 10 Minuten einweichen zu lassen, da es dann noch zusätzliche Aromen entfaltet und nicht mehr so schwer zu essen ist.

Oft liegt es außerdem auch gar nicht am Futter, dass Katzen nicht gerne oder viel fressen, sondern am Napf. Für Katzen ist es sehr unangenehm, wenn ihre Schnurrhaare beim Essen an den Rand des Napfes kommen. Gebe daher immer einem flachen Teller oder einer Schale den Vorzug vor einem Napf. Des Weiteren neigen manche Katzen dazu, ihr Fressen aus Metall- oder Plastikbehältern ebenfalls zu verweigern, da ihre feinen Geschmackssinne davon beeinträchtigt werden. Ein Glas- oder Keramikteller hat sich daher als ideal erwiesen.

Solltest Du – wie ich – nicht nur eine Katze bei Dir halten, achtest Du am besten bei den Fütterungen auf genügend Abstand zwischen den Tieren. Dabei ist es wichtig, dass jede Katze ihren eigenen Teller bekommt und sie nicht alle von einem fressen. Der Futterkampf wäre damit vorprogrammiert und für Dich ist es schwer zu erkennen, wenn einer Deiner Lieblinge nicht genügend frisst.

Die Katzentoilette sollte ebenfalls nicht zu nah an der Futterstelle stehen. In den meisten Fällen ignoriert die Katze dann entweder die Katzentoilette – und sucht sich in Deiner Wohnung einen besseren Platz dafür – oder sie verweigert das Essen. Daher solltest Du immer genügend Abstand einplanen.

Auf der nachfolgenden Seite habe ich Dir die wichtigsten Punkte, die Du bei der Fütterung Deiner Russisch Blau zu beachten hast, noch einmal zusammengefasst.

Checkliste für Fütterungsregeln

- ☐ Drei Fütterungen am Tag sollten es mindestens sein – am besten sogar mehr und im Optimalfall zur gleichen Zeit und an der gleichen Stelle.
- ☐ Während der Fütterung sollte Deine Katze nicht gestört werden, sie sollte aber auch nicht dauerhaft außer Sichtweite sein.
- ☐ Stelle den Teller nach der Fütterung weg – egal, ob sich noch etwas darauf befindet.
- ☐ Halte die Ruhephase nach der Fütterung ein (mindestens 1 Stunde).
- ☐ Wechsle nicht unnötig die Futtermarke oder Futtersorte. Wenn ein Wechsel notwendig wird, solltest Du ihn langsam durchführen.
- ☐ Achte auf die Temperatur des Futters – zu kaltes Essen ist für viele Katzen unangenehm.
- ☐ Nimm lieber einen Teller oder eine flache Schale für die Fütterung statt eines Napfes. Am besten sollte dieser aus Glas oder Keramik bestehen.
- ☐ Jede Katze erhält ihren eigenen Teller.
- ☐ Halte bei der Platzwahl genügend Abstand zur Katzentoilette ein.

WENN DEINE RUSSISCH BLAU ENTSCHEIDEN KÖNNTE

Alle heutigen Hauskatzen stammen ursprünglich von Wildkatzen ab. Diese Abstammung zu kennen, ist für Dich überaus wichtig, um zu verstehen, was bei der Katzenernährung wichtig ist und um die Umsetzung konsequent einzuhalten. Denn als Nachfahre ihrer wilden Vorfahren unterscheidet sich die heutige Hauskatze genetisch nur um 0,1 bis 0,3 % von ihren Vorfahren! Hättest Du das gedacht?

Was bedeutet das für Dich?

Die Wildkatze an sich frisst fast ausschließlich unverarbeitetes Fleisch (inklusive Innereien, Knochen, Fell etc.) und nur ab und an oder notgedrungen verspeist sie auch pflanzliche Kost. 52 % der Energie wird dabei aus Proteinen gewonnen, 46 % aus Fett und lediglich 2 % aus Kohlenhydraten. Aufgrund ihrer fleischhaltigen Ernährung haben Katzen über die Jahrtausende leider die Fähigkeit verloren, bestimmte Proteinbestandteile (sogenannte Aminosäuren) selbst herzustellen. Die für sie essentiellen Aminosäuren wie Taurin, Arginin, Methionin und Cystein nehmen sie daher ausschließlich durch Fleisch auf, ebenso wie die Vitamine Niacin, D und A, die sie ebenfalls nicht selbst bilden können.

Wusstest Du schon, …

… dass Katzen Gras nicht fressen, weil sie pflanzliche Nahrung aufnehmen möchten, sondern um Haare, die sie bei der Reinigung verschluckt haben, erbrechen zu können?

An dem Mythos, dass Katzen freiwillig pflanzliche Nahrung zu sich nehmen, ist daher nichts dran. Das Gras wird mitsamt den verschluckten Haaren kurz nach dem Verzehr erbrochen! Sollte Deine Katze kein Freigänger sein, empfehle ich Dir, stets eine Schale Katzengras frei zugänglich für Deine Katze in der Wohnung zu platzieren.

Demzufolge ist ihr Gebiss darauf ausgelegt, hauptsächlich Fleisch zu reißen und es grob zu zerteilen. Ein Zermahlen von Essen (beispielsweise auf Getreidebasis) ist bei ihrem Gebiss nicht vorgesehen und dasselbe gilt auch für die typische Hauskatze von heute.

Schaue Dir das Gebiss Deiner Russisch Blau einmal genau an! Es unterscheidet sich deutlich von Deinem eigenen, das weniger auf das Reißen und mehr auf das Zermahlen und Kauen ausgerichtet ist. Deine Katze wirst Du jedoch kaum einmal kauend oder mahlend vorfinden. Viel eher schlingt sie die zerkleinerten Nahrungsstücke regelrecht herunter – ohne dabei auch nur ans Kauen zu denken.

Wenn Du Deine Russisch Blau daher fragen würdest, würde sie instinktiv (und genetisch bedingt) unverarbeitetes Fleisch wählen, das sie noch zerteilen kann – gerne auch mit Knochen, Fell und Innereien. Dies ist insbesondere bei dieser schönen Rasse der Fall, die noch nicht zu stark überzüchtet und sehr natürlich gehalten wurde.

Russisch Blau Katzen macht es regelrecht Spaß, sich länger mit ihrem Essen zu beschäftigen. Das Zerteilen eines Fleischstückes ist ihnen eine wahre Freude und wird nicht als lästig angesehen, wie wir Menschen es vielleicht vermuten würden. Da eine Wildkatze nie weiß, ob ihr nächster Jagdversuch erfolgreich sein wird, jagen Katzen auch, wenn sie nicht hungrig sind. Ihr Instinkt ist darauf programmiert, vorzusorgen und hervorragende Jagdfähigkeiten waren über Jahrtausende eines der markantesten Selektionsmerkmale, die den Fortbestand der Rasse sicherten. Wundere Dich daher nie, dass Deine Russisch Blau auch kurz nach dem Essen wieder Spaß am Jagen zeigt, das ist tatsächlich ein normales Verhalten.

Was genau bei Deiner Katze alles auf den Teller kommen darf, erfährst Du im nächsten Kapitel.

WAS KOMMT AUF DEN TELLER?

Über die richtige Ernährung der heutigen Hauskatze gibt es viele verschiedene Meinungen und immer wieder hitzige Diskussionen. Von jeder möglichen Ernährungsform gibt es lautstarke Vertreter, die Widerspruch und andere Meinungen nicht zulassen wollen.

Ob die Katze bekocht wird, barft – also nur rohes Fleisch mit Gemüse zu sich nimmt – oder Trocken- und Nassfutter vorgesetzt bekommt, ist im Grunde egal. Diese Aussage dürfte viele Tierhalter überraschen. Doch wenn wir ehrlich sind, so ist es doch nur logisch, dass es nicht darauf ankommt, nach welcher Methode die Katze ernährt wird, sondern dass der Energie- und Nährstoffbedarf abgedeckt wird und dass die Katze genügend Mineralstoffe, Spurenelemente und Vitamine aufnimmt. Wie sie das macht, ist dabei tatsächlich vollkommen egal.

Auf den nächsten Seiten stelle ich Dir aus diesem Grund die gängigsten Ernährungsmethoden einmal vor. Bei diesen handelt es sich um Fertigfutter, BARF und selbstgekochtes Essen. Auch das Thema Vegetarismus und Veganismus werden wir kurz besprechen.

Du erfährst bei allen Fütterungsmethoden, was dafür- und was dagegenspricht und was Du bei der Anwendung besonders zu beachten hast. Im letzten Unterkapitel gehen wir spezifisch darauf ein, was Du bei der Ernährung Deiner

Russisch Blau im Vergleich zu anderen Rassen besonders berücksichtigen solltest.

Wusstest Du schon, ...

... dass erwachsene Katzen nur ungern etwas essen, was sie nicht kennen?

Aus diesem Grund ist es ratsam, Deine Russisch Blau schon im möglichst jungen Alter an viele unterschiedliche Geschmäcker und Konsistenzen zu gewöhnen. Je mehr Deine Katze kennt, desto geringer ist die Wahrscheinlichkeit, dass sie zu einem schlechten Esser wird.

FERTIGFUTTER

Obwohl Fertigfutter häufig verschrien und verteufelt wird, lehne ich mich wohl kaum aus dem Fenster, wenn ich behaupte, dass es heutzutage die gängigste Ernährungsform für die typische Hauskatze ist. Allein in Deutschland wurden im Jahr 2018 für Trockenfutter 435 Mio. Euro ausgegeben. Übertroffen wird dies nur noch von den Ausgaben für Nassfutter in Höhe von 473 Mio. Euro und Snacks im Wert von 538 Mio. Euro, die beide ebenfalls zur Sorte Fertigfutter gehören. Insgesamt gingen damit Waren im Gesamtwert von über 1,4 Mrd. Euro über die Warentheke.

Die enorme Beliebtheit von Fertigfutter lässt sich an vielen Punkten festmachen:

- Es ist überall verfügbar.
- Es ist einfach in der Aufbewahrung und schnell in der Zubereitung.
- Es ist unkompliziert in der Mengenberechnung.
- Die Herstellung wird gesetzlich stark überwacht und entspricht den höchsten Standards.
- Experten auf dem Gebiet haben die richtige Zusammensetzung an Vitaminen, Mineralstoffen und Spurenelementen berechnet, sodass keine Unter- oder Überversorgung auftritt.

Kurz gesagt: Fertigfutter ist praktisch! Der Halter muss sich um kaum etwas kümmern. Doch nur die Wenigsten wissen, dass wir beim Fertigfutter in der Regel drei verschiede Kategorien unterscheiden:

- Einzelfuttermittel: Hier besteht das Futter aus einer einzelnen Komponente und ist nicht für die alleinige Fütterung bestimmt. Ein Beispiel ist die nicht mineralisierte Fleischdose.
- Ergänzungsfuttermittel: Hier besteht das Futter aus mindestens zwei Komponenten, aber auch diese reichen nicht aus, um Deine Katze mit allen Nährstoffen zu versorgen. Ein Beispiel hierfür sind Katzensnacks oder eine nicht mineralisierte Fleischdose mit Gemüse. Mit etwas Erfahrung können Halter aus Einzel- und Ergänzungsfuttermittel eine ausgewogene Ernährung für ihre Katze sicherstellen.
- Alleinfuttermittel: Wie der Name vermuten lässt, reicht dieses Futtermittel allein aus, um den Nährstoffbedarf der Katze vollständig zu decken.

Doch leider gibt es auch bei den Herstellern für Fertigfutter einige, die die gesetzlichen Spielräume stark zu ihren eigenen Gunsten ausnutzen und bei denen nicht immer das Wohl der Katze, sondern der Unternehmensprofit an erster Stelle steht. Wenn Du Dich für Fertigfutter entscheidest, ist es wichtig, dass Du genau überprüfst, ob es sich dabei um „gutes“ Fertigfutter handelt. Wie genau das geht, erkläre ich Dir jetzt. Nimm am besten eine Packung Deines aktuellen Futters zur Hand, dann kannst Du direkt kontrollieren, wie gut Dein derzeitiges Futter ist.

Überprüfe als erstes, welche Futtermittelart vorliegt. Handelt es sich um Einzel-, Ergänzungs- oder Alleinfuttermittel? Solltest Du bisher ausschließlich Einzel- oder Ergänzungsfuttermittel verwendet haben, kann es sein, dass Deine Russisch Blau nicht mit allen nötigen Nährstoffen versorgt wurde. Als nächstes überprüfen wir die Liste der Inhaltsstoffe. Interessanterweise müssen bei Katzenfutter die Zutaten rechtlich nicht schriftlich festgehalten werden. Sind die Zutaten bei Deinem Futter nicht offen und klar deklariert, kann (muss aber nicht) dies ein Indiz dafür sein, dass nicht unbedingt die besten Inhaltsstoffe verarbeitet wurden. Überdenke daher Deine Futterwahl. Möchtest Du nicht auch genau wissen, was auf dem Teller Deines Tieres landet? Und warum sollte der Hersteller die Komponenten nicht preisgeben wollen?

Die weiteren Angaben über die analytischen Bestandteile des Katzenfutters sind meiner Meinung nach nur wenig aussagekräftig. Beim Rohprotein werden dabei sowohl die tierischen als auch die pflanzlichen Proteine zusammengefasst, welche sich nicht nur in der Qualität, sondern auch in der Verdaulichkeit stark unterscheiden. Tendenziell benötigt Deine Russisch Blau mehr tierische Proteine, was Du in dieser Aufstellung jedoch nicht nachvollziehen kannst.

Die Tricks der Hersteller

Häufig verwenden Hersteller Beschreibungen wie „Huhn Geschmack" auf der Verpackung. Hast Du Dich auch schon gefragt, wie viel „Huhn" in diesem Fall wirklich im Futter vorhanden sein muss? Ich gebe Dir einen kurzen Überblick:

- **„Mit Huhngeschmack" oder „Geschmack: Huhn":** In diesem Fall muss mehr als 0 % aber weniger als 4 % Huhn im Futter enthalten sein.
- **„Reich an Huhn", „extra Huhn" oder „mit extra Huhn":** Diese Bezeichnung schreibt einen Anteil von mindestens 14 % Huhn im Futter vor.
- **„Menü vom Huhn":** Bei dieser Deklarierung müssen mindestens 26 % Huhn enthalten sein.

Rohfaser ist dagegen eine wichtige Information. Von vielen unterschätzt, beeinflusst die Rohfaser (schwer oder unverdauliche Ballaststoffe von pflanzlichen Fasern) die Kotkonsistenz Deiner Russisch Blau. Sie regt den Darm an und unterstützt ihn bei der Arbeit. Ich persönlich habe sehr gute Erfahrungen mit einem Rohfaserwert zwischen 1,5 und 2 % gemacht. Zu hoch (sprich über 4%) sollte er nicht liegen, da er dann für den Katzendarm schädlich sein und zu Blähungen führen kann. Über die Qualität des Futters an sich sagt der Rohfaseranteil jedoch nichts aus.

Der Rohfettwert ist in meinen Augen ebenso aussagearm wie der Rohproteinwert, da auch hier nicht zu erkennen ist, welche Fette gemeint sind.

Ein Begriff, der bei vielen falsch assoziiert wird, ist die Rohasche. Diese steht nicht für „Asche", sondern für anorganische Bestandteile des Katzenfutters. Liegt der Rohaschewert bei deutlich über 15 %, kann dies ein Zeichen dafür sein, dass zum Beispiel viele Federn und Knochen verarbeitet wurden. Natürlich frisst eine Wildkatze diese mit und sie können nützliche Mineralstoffe und Spurenelemente enthalten. Ob sie in Fertigfutter allerdings in erhöhter Menge vorkommen müssen, wage ich zu bezweifeln, doch sie stellen allzu oft eine preisgünstige Alternative zu wertvollem Muskelfleisch dar. Futter aus Innereien, das als Premium Futter bezeichnet wird, würde ich immer skeptisch betrachten, denn dafür müsste es auch einen ausreichenden Anteil an Muskelfleisch bieten. Eine Maus würde einen Rohascheanteil von 11 % enthalten.

Das war jetzt ein grober Überblick über das, was Du bei Deinem Fertigfutter mit einem schnellen Blick beurteilen kannst. Da Katzen reine Fleischfresser sind, empfehle ich Dir, zusätzlich noch darauf zu achten, dass der Kohlenhydratanteil so gering wie möglich ist. Deine Katze benötigt weder Zucker noch Getreide in ihrem Futter. Das bisschen Glukose, das sie benötigt, bildet sie aus Aminosäuren selbst. Ein zu hoher Zucker- und Getreideanteil stellt meiner Ansicht nach die große Gefahr dar, dass Deine Katze übergewichtig wird und kann sie sogar krank machen. Daher lässt Du besser die Finger von allen Fertigfuttern, in denen Du diese beiden Bestandteile entdeckst. Meine Erfahrung hat gezeigt, dass gerade in den günstigen Trockenfuttern häufig ein erhöhter Getreideanteil vorzufinden ist.

Wichtig ist außerdem, dass Du Dich bei Fertigfutter genau an die Zubereitungs- und Mengenhinweise hältst. Hier haben sich Experten zusammengesetzt und berechnet, wie viel Deine Katze von diesem Futter benötigt. Achte auf die schlanke Linie und verfüttere nicht zu viel. Schließlich weißt Du, dass Übergewicht zu starken Verhaltensauffälligkeiten führen kann und Deiner Russisch Blau kein artgerechtes Leben ermöglicht.

Mein abschließender Tipp in diesem Kapitel lautet: Am besten legst Du Dich nicht nur auf Trocken- oder Nassfutter fest, sondern verfütterst Deiner Katze beide Varianten. Da Du sie, wenn möglich, mindestens fünfmal täglich fütterst, hast Du die Möglichkeit, die Futterart dabei zu variieren.

Ziehst Du eine Fütterung aus Einzel- und Ergänzungsfuttermittel vor, empfehle ich Dir, die genauen Mengen und

Zusammensetzungen von einem Tierernährungsexperten individuell für Deine Russisch Blau berechnen zu lassen.

BARF

Der Trend der gesunden und natürlichen Ernährung macht auch vor unseren Haustieren keinen Halt. Immer mehr Katzenhalter streben danach, ihre Katze möglichst auf natürliche Weise – und damit an die Ernährungsweise der Wildkatze angepasst – zu ernähren.

Ins Leben gerufen wurde die BARF-Methode vom australischen Tierarzt Ian Billinghurst, der sich 1993 für die Rohfütterung von Hunden und Katzen stark machte. Analog dazu steht BARF im englischen Original für „Bone and Raw Food" was übersetzt so viel wie „Knochen und rohes Futter" bedeutet. Eingedeutscht wird BARF heutzutage allerdings als „Biologisch Artgerechte Rohfütterung" bezeichnet.

Konkret bedeutet diese Ernährungsmethode, dass Deine Russisch Blau ausschließlich Futterrationen erhält, die aus rohem Fleisch, Innereien, Knochen und Fisch bestehen. Ergänzt wird dies durch frisches Obst, Gemüse und Nüsse, welche den Magen- und Darminhalt der Beutetiere imitieren sollen.

Der größte Vorteil bei der BARF-Methode ist aus meiner Sicht, dass Du als Halter genau weißt, was Deine Russisch Blau zu fressen bekommt und dass Du Dich von der Qualität selbst überzeugen kannst. Bei normalem Fertigfutter siehst Du nur die gepressten Pellets, die nicht erkennen lassen, was enthalten ist. Du musst Dich daher ausschließlich auf die Angaben des Herstellers verlassen.

Ein weiterer häufig unterschätzter Vorteil ist, dass die Katze länger mit der Nahrungsaufnahme beschäftigt ist. Ein Schlingen wie beim gängigen Fertigfutter ist häufig gar nicht möglich, da Fleisch in großen Stücken oder ganze Knochen serviert werden. Die Katze muss daher mit ihrem Essen arbeiten, was sie beschäftigt und bei besonders aktiven Exemplaren für mehr Ausgeglichenheit sorgt.

An dieser Stelle möchte ich Dir von im Handel erhältlichen BARF-Mischungen abraten, denn diese sind meist schon zerkleinert und nehmen der Methode diesen großen Vorteil.

In den meisten Fällen sind BARF-Rationen ebenfalls besser verdaulich, insbesondere für Katzen, die eine empfindliche Verdauung haben oder unter Futtermittelunverträglichkeiten leiden.

Wissenschaftlich bisher nicht bewiesen, aber von vielen Haltern als positive Nebeneffekte aufgeführt, werden noch folgende Punkte:

- Besseres Immunsystem
- Weniger Parasiten
- Stärkere Knochen
- Glänzenderes Fell

Doch bei all den Vorteilen bestehen bei der BARF-Methode auch einige Nachteile, die für Deine Russisch Blau gravierend sein können. Selbstverständlich ist die Vorstellung, Deine Katze natürlich zu ernähren, großartig, allerdings kommt es bei nicht richtiger Anwendung häufig zu gefährlichen Bakterien im Futter, Parasiten im rohen Fleisch oder zu einer Unter- oder Überversorgung an Nährstoffen.

Gerade in handelsüblichen BARF-Paketen wurden schon des Öfteren Salmonellen nachgewiesen. Zwar erkranken Katzen mit einem gesunden Immunsystem nur selten daran, aber sie können über ihren Kot ihre Besitzer oder andere Tiere infizieren. Um sicher zu gehen, dass im Rohfutter keine Parasiten enthalten sind, empfehle ich Dir, dieses am besten frisch vom Metzger zu beziehen oder alternativ für mindestens vier Tage bei -20°C einzufrieren, damit wird der Großteil der Parasiten abgetötet.

Die ausgewogene Zusammenstellung eines gesunden Speiseplans für Deine Russisch Blau ist nicht leicht und wird von kaum einem Laien richtig umgesetzt. Häufig kommt es zu einer Unterversorgung an Calcium mit gleichzeitiger Überversorgung an Phosphor. Aber auch Vitamin D, Taurin und Jod werden häufig nicht ausreichend abgedeckt. Zusätzlich kann auch die Aufnahme von zu viel Muskelfleisch für Deine Katze schädlich sein, dadurch werden beispielsweise die Nieren in Mitleidenschaft gezogen.

Wenn mich daher jemand fragt, ob ich BARFen empfehle, lautet meine Antwort immer: Es kommt darauf an!

Du als Russisch Blau Halter musst Dir im Klaren darüber sein, dass diese Ernährungsmethode deutlich mehr Zeit in Anspruch nehmen wird als Fertigfutter. Auch sind die Kosten in der Regel deutlich höher. Darüber hinaus erachte ich es als absolut notwendig, das BARFen ausschließlich in enger Zusammenarbeit mit einem Tierarzt auszuführen, der sich auf Tierernährung spezialisiert hat. Zwar wirst Du nach kurzer Recherche auch im Internet eine Vielzahl an Rezepten finden, aber die wenigsten halten einer Prüfung durch Experten stand. Niemand, der Deine Katze nicht gesehen und genau untersucht hat, kann Dir ein perfektes Rezept erstellen, das alle Nährstoffe, Mineralien und Vitamine abdeckt, die Deine Russisch Blau in ihrer aktuellen Lebensphase benötigt. Lasse Dir das von keinem Online-Guru einreden.

BARFen ja – aber wenn, dann richtig und in genauer Abstimmung mit einem Experten, der Deine Katze regelmäßig (am besten einmal im Jahr) untersucht. Eine halbgare Lösung mit fertigen BARF-Rationen aus dem Handel kann ich allerdings nicht guten Herzens weiterempfehlen.

Um Dir eine Vorstellung zu vermitteln, wie eine BARF-Ration aussehen kann, nenne ich Dir hier ein Beispiel für eine 5 kg schwere und aktive Katze. Ich bitte Dich, dieses aber nicht als alleiniges Rezept für Deine Russisch Blau zu verwenden. Eine aktive und gesunde Russisch Blau bekäme am Tag z.B. 200 g BARF, aufgeteilt auf die bereits besprochenen 5 Mahlzeiten. Ist Deine Katze schon älter oder eher gemütlich kann sich die Portion auch auf 150 g reduzieren:

- 115 g Muskelfleisch vom Rind oder Kalb
- 21 g Herz vom Rind oder Kalb
- 20 g Leber vom Rind oder Kalb
- 20 g Magen vom Rind oder Kalb
- 21 g geriebene Zucchini (liefert wertvolle Ballaststoffe)
- Ca. 4 zerhackte Petersilienblätter
- Lachs Öl (Lieferant für Omega-3-Fettsäuren und Arachidonsäure)
- Eierschalenpulver (als natürlicher Calciumlieferant)

Da die Portionen, wie Du am Rezept erkennen kannst, meist aus vielen verschiedenen Komponenten bestehen, ist es ratsam, direkt größere Mengen vorzuproduzieren und diese einzufrieren. Damit habe ich persönlich gute Erfahrungen gemacht und reduziere durch den längeren Aufenthalt in der Gefriertruhe gleichzeitig die Gefahren von Bakterien und Parasiten im Essen. Gerade am Anfang wird diese Form der Fütterung von Dir deutlich mehr Zeit und Engagement abverlangen, als es bei der Fütterung mit Fertigfutter der Fall ist. Mit der Zeit wird der Aufwand jedoch weniger, da Du Dich in die Thematik eingelebt hast.

Du weißt genau, was Du wie zusammenmischen kannst und musst eventuell sogar nicht mehr alles nachwiegen, da Du ein Gefühl für die richtigen Mengen bekommen hast. Ein gewisser Mehraufwand wird allerdings immer bestehen bleiben. Dessen solltest Du Dir von Anfang an bewusst sein. Solltest Du darüber hinaus mehrmals im Jahr verreisen und Deine Katzen durch einen Katzensitter betreuen lassen, solltest Du Dir sicher sein, dass auch dieser mit dem BARFen im Allgemeinen und dem zusätzlichen Aufwand im Speziellen zurechtkommt.

Selbstgekochtes Essen

Für selbstgekochtes Katzenessen gelten im Prinzip ähnliche Punkte wie für das BARFen. Auch hier hat der Katzenhalter die volle Kontrolle über das, was die Katze zu essen bekommt und genau deshalb ist es wichtig, dass die genaue Zusammensetzung der Speisen mit einem Tierernährungsexperten besprochen wird.

Im Gegensatz zum BARFen servierst Du Deiner Russisch Blau hierbei kaum oder gar kein rohes Fleisch, sondern Du bereitest normale Mahlzeiten zu, die durchaus auch von Menschen gegessen werden können. Wichtig zu unterscheiden ist dabei allerdings, dass Deine Russisch Blau auf keinen Fall normal zubereitetes Menschenessen bekommen darf!

Das liegt zum einen daran, dass bestimmte Lebensmittel für Deine Katze sehr schädlich bis tödlich sein können. Zum anderen sollten Katzenspeisen so gut wie nicht gewürzt sein. Wenn Du diese Aspekte beachtest, kannst Du ohne Weiteres für Deine Russisch Blau kochen.

In der Regel besteht das Katzenmenü aus ähnlichen Komponenten wie auch unser Essen, nämlich Fleisch, Gemüse und einer Sättigungsbeilage, nur dass die Verteilung variiert. Denke beim Kochen immer daran, dass Deine Katze im Gegensatz zu Dir (und z.B. auch dem Hund) kein Allesfresser, sondern ein spezialisierter Fleischfresser ist.

Folgende gängigen Komponenten können dennoch im Essen vorkommen:

- **Fleisch:**

  Hier eignen sich Rind, Geflügel, Lamm, Kaninchen und Hochwild. Bei Schweinefleisch (auch Wildschwein) sollte unbedingt beachtet werden, dass es durchgegart ist, ansonsten kann es für Deine Katze problematisch werden. Zusätzlich zum Muskelfleisch solltest Du auch Innereien und Organe (wie Leber und Herz) in den Ernährungsplan Deiner Russisch Blau miteinbeziehen. Wichtig bei allem Fleisch ist: beziehe es von einer seriösen Quelle, um Verunreinigungen oder Gammelfleisch zu vermeiden. Behandeltes Fleisch (wie zum Beispiel geräuchertes Fleisch oder auch Fisch) solltest Du nicht verwenden.

- **Fisch:**

  Im gekochten Zustand sind fast alle gängigen Fischsorten für Katzen geeignet und sogar sehr beliebt. Achte allerdings darauf, dass Du vorher alle Gräten entfernst, denn sonst kann es zu denselben Problemen führen, wie bei uns Menschen. Eine reine Ernährung über Fisch statt Fleisch ist für Katzen jedoch nicht zu empfehlen.

- **Eier:**

  Eier sind eine hochwertige Proteinquelle und

sorgen für ein glänzendes Fell. Auch die Schale kann in kleinen Dosen verwendet werden.

- **Milch/Milchprodukte:**
  Da viele Katzen keine Laktose vertragen, sind nur wenige Milchprodukte geeignet. Dazu gehören Quark, Dickmilch und Hüttenkäse.

- **Kartoffeln/Reis/Möhren:**
  Gekocht können alle drei als Zusatz zu selbstgekochtem Essen verwendet werden. Allerdings sollten sie niemals ohne Fleisch oder Fisch gereicht werden.

- **Öl:**
  Hochwertige Öle können gerne für die Zubereitung von Katzenspeisen verwendet werden. Ich empfehle dabei Raps-, Oliven- oder Fischöl.

- **Achtung bei Gewürzen:**
  Diese solltest Du auf keinen Fall im Katzenessen verwenden, dazu gehören auch Salz und Pfeffer.

An dieser Stelle muss ich noch ergänzen, dass einige Nahrungsmittel, die von uns Menschen unbedenklich verspeist werden können, für unsere vierbeinigen Freunde nicht nur schädlich, sondern sogar tödlich sein können. Eine Aufstellung dieser giftigen Lebensmittel findest Du in Kapitel 4 unter „Giftige und problematische Substanzen“.

Wichtig beim selbstgekochten Katzenessen ist, dass Du Deiner Katze genügend Taurin zuführst. Wie bereits erwähnt, können Katzen im Gegensatz zu anderen Tieren Taurin nicht in ausreichenden Mengen selbst herstellen und müssen dieses über ihre Nahrung (rohes Fleisch) aufnehmen. Da Taurin durch Hitzeeinwirkung zerstört werden kann, besteht bei gekochtem Fleisch die Gefahr einer Mangelzufuhr an Taurin. Im Handel gibt es allerdings Taurin als Nahrungsergänzungsmittel in Pulverform zu kaufen. Dieses solltest Du Deinen gekochten Fleischgerichten auf jeden Fall beimischen. Der genaue Taurinbedarf kann abhängig von der Rasse, dem Alter, dem Gewicht und der restlichen Ernährung stark schwanken. Daher empfehle ich Dir, bei dieser Ernährungsform wie auch beim BARFen den Rat eines Tierernährungsexperten explizit für Deine Katze einzuholen. Und übrigens: Der Fleischlieferant, der Deiner Katze am meisten Taurin zur Verfügung stellt, ist übrigens die Maus – ihr natürliches Beutetier.

Ich persönlich nutze selbstgekochtes Essen für zwei voneinander vollkommen unabhängige Aspekte. Der erste ist die Schonkost. Wenn sich mein Liebling ein Magen-Darm-Problem eingefangen hat, ernähre ich ihn – wie später auch noch beschrieben – für ein paar Tage ausschließlich mit Schonkost. Diese bereite ich immer selbst zu, damit ich genau weiß, was der bereits geschwächte Verdauungstrakt verarbeiten muss. Außerdem bereite ich gerne Snacks und Leckerlies selbst zu. Diese kann ich in größeren Mengen vorproduzieren und nach Bedarf verwenden.

Der zweite Aspekt ist das Verwöhnen. Ich habe durch das Selberkochen das Gefühl, meinen Lieblingen etwas Gutes zu tun. Meine 10 besten Rezepte, die bei meinen Katzen bisher am besten ankamen, habe ich Dir am Ende dieses Buches noch hinzugefügt. Ich hoffe, Du wirst damit genauso viel Freude haben wie ich.

Vegetarismus und Veganismus

Für überzeugte Vegetarier und Veganer ist der Umgang mit Fleisch nicht leicht. Daher entschließen sich viele dazu, ihre Katze ebenfalls vegetarisch (sprich fleischlos) oder sogar vegan (rein pflanzlich) zu ernähren. Die Frage, ob diese Form der Ernährung noch artgerecht ist, ist heiß umstritten und wird leidenschaftlich diskutiert.

Entscheidet sich ein Tierhalter dazu, seine Katze vegetarisch zu ernähren, hat dies selten etwas mit der Katzengesundheit zu tun, sondern basiert in der Regel auf ethischen oder religiösen Grundsätzen. Für die Halter, die meist einen engen Bezug zu ihren Tieren aufbauen, ist der Gedanke an Massentierhaltung und Schlachtung einfach unerträglich, weswegen sie sich selbst und auch ihre Katze vegetarisch oder vegan ernähren wollen.

Der Einwand, dass diese Form der Ernährung nicht natürlich sei, wird mit dem Argument entkräftet, dass dies auf Dosenfutter ebenfalls zutrifft. Selbst die Tierschutzorganisation PETA befürwortet es daher, Katzen vegetarisch zu ernähren. Mittlerweile gibt es auch unzählige Studien, die dies ebenfalls empfehlen, doch mindestens ebenso viele, die das Gegenteil behaupten. Wie ich schon am Anfang dieses Buches erläutert habe, sind Katzen keine Allesfresser, sondern Fleischfresser (auch Karnivoren genannt). Ihr Verdauungstrakt ist immer noch darauf ausgelegt, dass der Großteil ihrer Nahrung aus rohem Fleisch besteht.

Was also kannst Du tun, wenn es Dir selbst nicht möglich ist oder behagt, Deiner Russisch Blau Fleisch als Futter zu servieren?

Zum einen gebe ich hier von Beginn an zu Bedenken, ob Du Dich in dem Fall für das richtige Haustier entschieden hast. Die Frage, ob Fleisch für die Ernährung Deiner Katze notwendig ist oder nicht, ist wissenschaftlich noch nicht final geklärt, da die Meinungen und Studien hier noch stark voneinander abweichen. Es gibt hingegen genügend Tierarten, die sich freiwillig und zweifelsfrei rein vegetarisch ernähren. Für jeden überzeugten Vegetarier empfehle ich daher, die Finger von der Katzenhaltung zu lassen. Denn meines Erachtens schaffst Du es mit einer rein pflanzlichen Ernährung nicht, die so wichtigen Aminosäuren abzudecken, die Deine Russisch Blau regelmäßig benötigt. Für mich ist es einfach ein Widerspruch, Deiner Katze die von ihr so dringend benötigten Aminosäuren, Taurin und Vitamine durch Nahrungsergänzungsmittel zuzuführen, wenn dies auch über natürliche Nahrungsmittel möglich ist.

Solltest Du Dich allerdings darauf festgelegt haben, eine Katze zu besitzen und diese vegetarisch oder gar vegan ernähren zu wollen, rate ich Dir, dies ausschließlich in enger Absprache mit einem Tierernährungsexperten auszuführen. Es liegt in Deiner Verantwortung, dass Deine Katze alle wichtigen Mineralstoffe, Spurenelemente, Aminosäuren, Taurin und Vitamine erhält. Erstelle zusammen mit dem Experten einen Ernährungsplan und lasse regelmäßig die Blutwerte Deiner Russisch Blau überprüfen.

Was ich auf keinen Fall als problematisch ansehe, ist, Deine Katze von Zeit zu Zeit vegetarisch zu ernähren. Meine Katze Sami beispielsweise liebt Bananen über alles und erhält diese von uns manchmal als Snack. Auch lasse ich in manchen selbstgekochten Gerichten die Fleischkomponente weg, aber eben nicht in allen und auch nicht bei der Mehrheit.

Eine Alternative zur vegetarischen Ernährung und der Dosenfütterung kann das Futter von kontrollierter, tierversuchsfreier Katzennahrung in Bio-Qualität sein, die vorgestellte BARF-Methode oder das selbstgekochte Essen. Bei all diesen Alternativen kannst Du Dir sicher sein, was im Napf landet und dass es sich dabei nicht um Massentierhaltung und Tierquälerei gehandelt hat.

Eine rein vegane Ernährung lehne ich für Katzen vollkommen ab und ich möchte sie an dieser Stelle auch nicht weiter behandeln. Diesen Haltern kann ich lediglich empfehlen, sich in Zukunft für die Haltung eines anderen Tieres und nicht für eine Russisch Blau zu entscheiden.

Was Du bei der Ernährung Deiner Russisch Blau besonders beachten musst

Die gute Nachricht gleich zu Beginn: Im Gegensatz zu anderen Rassen weist die Russisch Blau keine rassentypischen Unverträglichkeiten oder Unterversorgungen auf. Im Prinzip musst Du daher bei der Ernährung Deiner Katze nichts beachten, was nicht auch für andere Rassen gilt.

Doch woran kannst Du als Laie erkennen, ob Deine Russisch Blau gesund ernährt ist? Eine gesunde Russisch Blau sollte einen flachen, sehnigen Bauch aufweisen und stramme Schenkel, auf denen sich keine Fettschicht zeigt. Das Fell glänzt, und die Augen sind wach und aufmerksam und sie ist stets bereit, sich zu bewegen. Faulheit ist kein normales Verhaltensbild für eine Russisch Blau und kann ein direktes Zeichen für eine falsche Ernährung sein.

Gerade bei der Russisch Blau erfreut sich das Trocken- und Nassfutter einer deutlich höheren Beliebtheit als die Futteralternativen, was wahrscheinlich an der einfacheren Handhabung und Lagerung liegt. BARFen und selbstgekochtes Essen sind aber selbstverständlich ebenso für Deine Russisch Blau geeignet. Wundere Dich allerdings nicht, wenn sie sich gerade am Anfang wenig begeistert von diesen Alternativen zeigt, wenn sie vorher jahrelang Fertigfutter gewohnt war. Durch die vielen Geschmacksverstärker wird ihr die natürliche Nahrung zu fad schmecken. Doch bleibe am Ball und Du wirst merken, dass sie schon bald mit großer Begeisterung ihr neues Futter verschlingen wird.

Wichtig bei allen Futteralternativen ist, dass Du auf die Qualität und die Herkunft der Nahrung achtest. Deckt sie alle Nährstoffe ab und verträgt Deine Katze sie gut, ist jede Nahrung geeignet.

Zusätzlich empfehle ich jedem Katzenhalter, beim Kauf ein ausführliches Gespräch mit dem Züchter oder dem Tierheim über die Ernährung seiner Katze zu führen. Stelle Fragen zur bisherigen Ernährung, wie der Speiseplan insbesondere bei Kitten für die nächsten Wochen auszusehen hat und welche Ernährungsform sie explizit für Deine Katze empfehlen würden. Sie kennen Deinen kleinen Liebling und seine Besonderheiten bereits und können Dir daher wertvolle Tipps geben. Oft empfiehlt es sich gerade in der Anfangsphase noch das Futter zu verwenden, das Deine Katze bereits gewöhnt ist. Eine Umstellung sollte erst mit etwas zeitlichem Verzug und äußerst behutsam vorgenommen werden.

DER WASSERHAUSHALT DEINER KATZE

Über die richtige Qualität, die richtige Menge und die richtige Art von Futter wird sehr viel und ausgiebig diskutiert. Doch dabei gibt es etwas, das Deine Russisch Blau noch viel dringender benötigt: Wasser!

Deine Katze kann, wenn es darauf ankommt, sogar Wochen ohne Nahrung überleben – ohne Wasser hält sie allerdings nur wenige Tage aus. Auf den nachfolgenden Seiten erfährst Du, wie groß der Wasserbedarf Deiner Russisch Blau ist und wie Du Deine Katze zum Trinken animieren kannst, wenn sie es von selbst nicht ausreichend tut.

Wusstest Du schon, …

… dass Du Deiner Russisch Blau keine Milch anstelle von Wasser anbieten solltest? Denn die meisten erwachsenen Katzen vertragen keine Milchprodukte! Laktosefreie Milch oder die von manchen Anbietern hoch gelobte Katzenmilch kannst Du zwar servieren, sei Dir aber bewusst, dass dies ein zusätzlicher und kalorienhaltiger Snack und kein Wasserersatz ist.

DER WASSERBEDARF DEINER RUSSISCH BLAU

Ohne ausreichend Wasser kann Deine Russisch Blau nicht lange überleben, denn sie benötigt es für zahlreiche Körperfunktionen. Sie braucht es, um beispielsweise die Futterkomponenten im Verdauungstrakt zu lösen, um die Nährstoffe aus dem Darm über die Blutlaufbahn zu den Muskeln und Organen zu transportieren, um giftige Stoffe über die Nieren auszuscheiden oder um ihre Körpertemperatur zu regulieren.

Du siehst also, dass unzählige Körperfunktionen Deiner Katze davon abhängig sind, dass sie ausreichend Wasser zu sich nimmt. In der Regel erfolgt diese Aufnahme auf drei Wegen:

1. Über das aktive Trinken: Hierüber nimmt Deine Katze einen Großteil ihres Wasserbedarfs auf und es ist wohl auch die offensichtlichste Methode.

2. Über die Nahrungsaufnahme: Auch beim Essen nehmen Katzen über die Nahrung Flüssigkeiten auf. Der Anteil unterscheidet sich erheblich, je nach dem, ob die Katze mit Nass- oder Trockenfutter ernährt wird. Gerade Katzen, die BARFen, beziehen einen Großteil ihres täglichen Wasserbedarfs über die frische Nahrung.

3. Über den Stoffwechsel: So seltsam es klingen mag, aber Deine Katze ist in der Lage, einen bestimmten Anteil ihres Wasserbedarfs durch Stoffwechselprozesse abzudecken.

Damit alle Körperfunktionen Deiner Russisch Blau reibungslos arbeiten können, ist es wichtig, dass Du ihren Wasserhaushalt möglichst konstant hältst. Es ist nicht gut, wenn Deine Katze ihren gesamten Wasserbedarf nur einmal am Tag stillen kann. So kann es während des Tages zu Mangelerscheinungen kommen und Deine Katze wird sehr wahrscheinlich unter starkem Durst leiden. Stelle daher immer sicher, dass sie eine Wasserquelle zur freien Verfügung hat.

Diese Wasserquelle sollte stets sauber sein und wenn es sich dabei um einen Wassernapf handelt, rate ich Dir, diesen regelmäßig zu reinigen. Ich empfehle dabei, diesen mindestens einmal die Woche mit Spülmittel oder Essigessenz zu säubern. Denke aber daran, die Rückstände des Reinigungsmittels gründlich abzuspülen, damit Deine Russisch Blau diese nicht aufnimmt. Auf Spaziergängen[2] rate ich Dir ebenfalls, Wasser für Deine Katze mitzunehmen. Natürlich kann sie auch aus Pfützen und Tümpeln trinken, doch gerade bei stehenden Gewässern kann ich das nicht immer empfehlen, denn hier bilden sich schnell Keime und Krankheitserreger. Manche Teiche sind

---

[2] Wenn Du lernen möchtest, wie Du mit Deiner Russisch Blau an der Leine spazieren gehen kannst, empfehle ich Dir den zweiten Teil dieser Reihe: „Russisch Blau Katzentraining“. Genauere Informationen findest Du am Ende dieses Buches.

wahre Brutstätten für Bakterien. Bei fließenden Gewässern, die rein wirken, sollte bei uns im Land ein Trinken jedoch bedenkenlos möglich sein.

Leitungswasser ist in Deutschland ebenfalls bedenkenlos zu verwenden. Sollte es allerdings aufgrund einer Keimbelastung stärker gechlort sein, neigen viele Katzen dazu, es aus geschmacklichen Gründen abzulehnen. Für diese – meist nur wenige Wochen andauernde – Zeit empfehle ich, auf stilles Mineralwasser umzusteigen. Die im Sprudelwasser enthaltene Kohlensäure ist zwar nicht per se schädlich für Deine Katze, allerdings kann sie zu Magenproblemen und Blähungen führen. Von einigen Haltern weiß ich, dass ihre Katzen Leitungswasser vollkommen ablehnen. Das muss nicht unbedingt am Wasser selbst liegen, sondern kann auch an den Wasserleitungen liegen. In diesem Fall bleibt Dir tatsächlich selten eine andere Wahl, als Deiner Katze regelmäßig stilles Mineralwasser zur Verfügung zu stellen. Achte darauf, dass das Wasser immer Raumtemperatur hat, was auch im Sommer gilt. Ist es zu kalt, kann es den Magen reizen und zu Erbrechen oder Durchfall führen. Zu warmes Wasser wird häufig ebenfalls verweigert.

Eine gesunde Russisch Blau verliert am Tag auf verschiedensten Wegen Flüssigkeit. Das kann über den Kot sein, über den Harn, über die Atemwege, über die Haut und bei säugenden Katzen auch noch über das Gesäuge. Wie viel

Wasser sie benötigt, hängt ebenfalls von mehreren Faktoren ab. Dazu gehören das Gewicht, der eben beschriebene Wasserverlust, die Außentemperatur, der Grad an körperlicher Aktivität und natürlich die Art der Fütterung. Bei Nassfutter werden schon drei Viertel des Bedarfs über die Nahrung abgedeckt.

Um Dir ein Gefühl dafür zu geben, wie viel Wasser Deine Russisch Blau am Tag benötigt, kannst Du die folgende Faustformel verwenden:

Eine ausgewachsene Russisch Blau, die mit Nassfutter gefüttert wird und sich bei normaler Raumtemperatur um die 20 Grad Celsius durchschnittlich viel bewegt, benötigt circa 55 bis 65 ml Wasser pro Kilogramm Körpergewicht. Bei 5 kg macht das einen Wasserbedarf von 275 bis 325 ml. Bewegt sich Deine Katze mehr oder steigt die Umgebungstemperatur, so erhöht sich ebenfalls der Wasserbedarf. Das gleiche gilt für besonders salziges Futter. Wie bei uns Menschen führt auch das zu einem erhöhten Wasserbedarf. Du hast von mir die Faustformel erhalten, die aber, wie Du bestimmt vermutet hast, einen gewissen Spielraum beinhaltet. Alles, was deutlich darunter oder darüber liegt, solltest Du von einem Arzt abchecken lassen. Denn ein zu hoher oder zu geringer Wasserbedarf kann auf eine Krankheit hinweisen.

Befindet sich Deine Russisch Blau jedoch in der von mir genannten Spanne, sollte in der Regel alles in Ordnung sein, wenn sich Deine Katze normal verhält. Wenn Du ihrem Trinkverhalten für ein paar Wochen besondere Aufmerksamkeit zukommen lässt, wirst Du schnell herausfinden, was Deine Katze im Normalfall benötigt und wie sich mehr Bewegung oder höhere Temperaturen auf ihren Durst auswirken. Wie immer gilt auch hier, auf die besonderen Bedürfnisse der individuellen Katze einzugehen.

Wie Du Deine Russisch Blau zum Trinken animierst

In der Regel trinkt eine gesunde Katze, der genügend Wasser angeboten wird, immer ausreichend, da sie im Gegensatz zu uns Menschen noch sehr genau auf das hört, was ihr Körper ihr sagt.

Dennoch kann es dazu kommen, dass auch eine körperlich gesunde Katze zu wenig trinkt. Eine Ursache können zu hohe Temperaturen im Sommer sein, durch die Deine Russisch Blau einfach deutlich mehr Wasser aufnehmen muss, als sie es gewöhnt ist. Ebenso kann sich Stress negativ auf das Trinkverhalten auswirken. Wie bei uns Menschen kann auch eine Katze aufgrund von Stress auf Essen und Trinken verzichten.

Damit Du auch in solchen Situationen dafür sorgen kannst, dass Deine Katze genügend trinkt, erhältst Du hier ein paar Tipps von mir:

- Füge beim Essen mehr Wasser hinzu als gewöhnlich. Bei Trockenfutter kannst Du eventuell auch einen Teil durch Nassfutter ersetzen, was automatisch die Wasseraufnahme erhöht. Bei Nassfutter wird zwar normalerweise kein Wasser hinzugefügt, aber in diesem Fall rate ich dazu.

- Reichere das Wasser mit Geschmack an. Hier hilft Fleischbrühe, Leberwurst oder auch Wurstwasser. Achte aber darauf, dass das Wasser nicht zu salzig wird.

- Füge dem Wasser Früchte hinzu, beispielsweise Cranberrys oder Blaubeeren. Dadurch machst Du das Trinken interessanter und viele Katzen probieren spielerisch, das Obst aus dem Wasser zu fischen. Dabei nehmen sie auch automatisch Wasser auf.

- Denke eventuell über den Kauf eines Wasserspenders oder Trinkbrunnens nach. Manche Katzen trinken deutlich besser, wenn Du ihnen fließendes Wasser zur Verfügung stellst.

Sollte Deine Russisch Blau trotz dieser Maßnahmen weiterhin das Trinken verweigern oder zu wenig trinken und sich auch sonst nicht wie normalerweise üblich verhalten, rate ich, vorsorglich einen Tierarzt aufzusuchen. Es kann sein, dass es sich dann um eine Erkrankung handelt, und das solltest Du abklären lassen.

Auf den nachfolgenden Seiten erhältst Du zusätzlich eine Checkliste von mir, in der ich alles Wichtige rund um das Trinkverhalten Deiner Russisch Blau zusammengefasst habe.

Wusstest Du schon, ...

... dass Du den Wassernapf nicht neben den Futternapf stellen sollst?

In der freien Natur haben Katzen keinen Wassernapf neben ihrer frisch gefangen Maus stehen, sondern suchen stattdessen feste Wasserstellen auf. Diese Eigenheit haben die meisten bis heute behalten. Stelle den Wassernapf oder Trinkbrunnen daher nicht direkt neben den Futternapf, sondern suche dafür einen anderen Platz in Deiner Wohnung.

Checkliste Trinkverhalten

- ☐ Stelle Deiner Russisch Blau stets ausreichend Wasser zur Verfügung.
- ☐ Achte darauf, dass das Wasser Raumtemperatur hat und keine Kohlensäure enthält, um Magenprobleme zu vermeiden.
- ☐ Reinige die Wassernäpfe regelmäßig.
- ☐ Vermeide das Trinken aus stehenden Gewässern, wenn ihr draußen unterwegs seid, nimm stattdessen selbst frisches Wasser für Deine Katze mit.
- ☐ Erhöhe die angebotene Wassermenge bei erhöhter Aktivität oder steigenden Außentemperaturen.
- ☐ Reichere das Wasser mit Fleischbrühe, Leberwurst oder Wurstwasser an, um Deine Katze zum Trinken zu animieren.
- ☐ Weiche Trockenfutter in genügend Wasser ein und füge eventuell auch dem Nassfutter noch zusätzliches Wasser hinzu.
- ☐ Platziere den Wassernapf nicht direkt neben dem Futternapf, sondern wähle eine separate Stelle dafür aus.

- [ ] Suche einen Tierarzt auf, wenn Deine Katze die Wasseraufnahme verweigert und sich abgeschlagen, müde und motivationslos verhält.

- Kapitel 3 -

GRUNDLAGEN DER KÖRPERPFLEGE

Für uns Menschen ist es normal und tägliche Routine, dass wir unseren Körper pflegen. Was für uns allerdings normal ist, übertragen viele nicht auf ihre Katze. Ich würde sogar behaupten, dass die meisten Katzenhalter davon ausgehen, dass ihre Katze kaum bis keine Pflege durch den Menschen bedarf, da sie alles Wichtige selbst übernimmt.

Im Prinzip ist diese Annahme auch gar nicht so falsch. Allerdings gibt es von Rasse zu Rasse sehr starke Unterschiede, was den Pflegegrad angeht. Mit Deiner Russisch Blau hast Du Dich für eine Rasse entschieden, die deutlich weniger Pflege benötigt als beispielsweise eine Türkisch Angora. Dennoch muss Dir bewusst sein, dass Du Dich auch bei Deiner Russisch Blau um bestimmte Aspekte der Körperpflege kümmern musst.

Sollte Deine Russisch Blau nicht von klein auf daran gewöhnt sein, von Dir untersucht und gepflegt zu werden, rate ich Dir, es behutsam anzugehen. Starte nicht gleich mit dem vollen Programm, das Du in diesem Buch erhältst, und halte vor allem erst einmal die Zeiträume der Untersuchung kurz, wiederhole sie dafür aber mehrmals täglich, um sie darauf zu konditionieren. Sorge dafür, dass sowohl die Untersuchung als auch das anschließende Pflegeprogramm so angenehm wie möglich ist und versüße es am Anfang mit Leckerchen, Streicheleinheiten und Lob, wenn Deine Russisch Blau ruhig bleibt und sich so verhält, wie Du es Dir wünschst.

Am wichtigsten ist allerdings, dass Du selbst die Ruhe behältst. Auch wenn sich Deine Katze noch so sehr windet und wehrt, musst Du unbedingt ruhig und gelassen bleiben. Wenn Du das schaffst, wird sich Deine Ruhe über kurz oder lang auf Deine Katze übertragen. Gehst Du allerdings auf ihr Verhalten ein und wirst ebenfalls unruhig oder sogar sauer, erreichst Du nur das Gegenteil. Die Anspannung Deiner Katze wird sich noch vergrößern und sie wird die regelmäßige Untersuchung zu hassen lernen. Damit sind Dir für die nächsten Jahre regelmäßig Streit und Stress vorherbestimmt. Bleibe daher ruhig, was auch immer Deine Russisch Blau macht!

Ich rate Dir daher erneut: Beginne in wirklich kleinen Schritten und überfordere Deine Russisch Blau nicht. Jeder kleine Schritt, der mit Sicherheit ausgeübt wird, ist um einiges wertvoller als ein überhasteter großer Schritt, der von Unsicherheit geprägt ist.

Oft werde ich gefragt, wieso dieser Aufwand überhaupt notwendig ist, wo die heutigen Hauskatzenrassen doch von der Wildkatze abstammen und diese auch niemanden hat, der sich um sie kümmert und sie pflegt. Dieses Argument scheint auf den ersten Blick schlüssig zu sein, hält einer genauen Prüfung jedoch nicht stand.

Im Gegensatz zur Wildkatze, die sich frei vermehren kann, werden die heutigen Hauskatzen gezielt gezüchtet und weisen daher bestimmte Merkmale auf, die sich in der freien Wildbahn nach Darwins Überzeugung wohl nicht durchgesetzt hätten. Der Mensch hat einen großen Einfluss darauf genommen, wie sich die einzelnen Rassen entwickelt haben und dadurch bestimmte Merkmale gefördert, die besonderer Aufmerksamkeit bedürfen.

Darüber hinaus unterscheidet sich auch das Leben der heutigen Hauskatzen deutlich von dem der Wildkatze. Denn durch ihr Zusammenleben mit uns haben wir sie von uns abhängig gemacht, was sich auch in der intensiveren Pflege bemerkbar macht.

Dazu kommen noch weitere Aspekte wie zum Beispiel der, dass Deine Wohnung deutlich sauberer bleibt, wenn Du Deine Russisch Blau regelmäßig bürstest. Anstatt dass sie die Haare langsam nach und nach verliert – wie es bei der Wildkatze der Fall ist – hilfst Du ihr durch das Bürsten dabei, ihr Fell schneller zu verlieren und minimierst damit gleichzeitig auch die herumfliegenden Katzenhaare in Deiner Wohnung.

Wie bereits erwähnt, hast Du Dich mit Deiner Russisch Blau für eine Katzenrasse entschieden, die nach relativ wenig

Pflege verlangt. Dennoch werde ich Dir auf den folgenden Seiten erläutern, wie Du regelmäßig die Augen, die Haut, das Fell, die Ohren, das Gebiss und die Pfoten Deiner Russisch Blau überprüfen kannst. Wenn Du Dich daran hältst, geht es Dir und Deiner Katze langfristig besser und Du wirst mögliche Krankheiten frühzeitig erkennen, bevor sie akut werden.

Die Tipps auf den nächsten Seiten basieren auf der Meinung von Ärzten, Fachliteratur und anderen Experten. Wenn Du Dich zu hundert Prozent an alles hältst, wirst Du demnächst viele Stunden mit der Untersuchung und Pflege Deiner Katze verbringen. Wahrscheinlich wirst Du aber auch überall Krankheiten und Gefahren für Deinen Vierbeiner vermuten – was ich Dir nicht zumuten möchte. Du wirst auf den nächsten Seiten mit vielen Problemen konfrontiert, die bei Deiner Russisch Blau auftreten können. Wichtig dabei ist aber das Wort „können" – es heißt nicht, dass die Probleme auch auftreten werden und schon gar nicht alle auf einmal.

Für mich ist hierbei wie bei fast allen Dingen wichtig, auf den logischen Menschenverstand zu hören. Hat Deine Katze schon einmal Probleme mit den Augen gehabt, solltest Du sie intensiver pflegen als bei einer Katze, die immer gesunde Augen hatte. Stellst Du allerdings keine Auffälligkeiten fest, dann strapaziere Deine Katze nicht täglich mit unnötigen Untersuchungen und Pflegeprogrammen, sondern verlängere die Zwischenräume zwischen den Untersuchungen. Mache das, was notwendig ist, ordentlich und lasse das, was nicht notwendig ist, weg.

Am Ende eines jeden Unterkapitels gebe ich Dir daher eine Empfehlung, was ich bei meinen Katzen als notwendig erachte und was ich eher als vernachlässigbar ansehe. Wichtig dabei ist mir, dass Du meiner Empfehlung nicht blind folgst, sondern sie an die Bedürfnisse und auch Probleme Deiner Russisch Blau anpasst. Jede Katze ist anders und daher bedarf jede Katze einer anderen Pflege. Aber mit Hilfe meiner Empfehlung will ich Dir ein Gefühl für die Verhältnismäßigkeit vermitteln.

AUGENPFLEGE

Unsere kleinen Samtpfoten haben uns mit ihren großen Augen fest im Griff. Damit dies auch so bleibt, ist es wichtig, dass Du die Augen Deiner Katze regelmäßig überprüfst. Viele Experten und Tierärzte empfehlen, dass Du die Augen Deiner Katze – insbesondere, wenn sie Freigang genießt – täglich kontrollieren sollst.

Ein gesundes Katzenauge weist einen klaren und glänzenden Blick auf. Die Augenlider liegen eng an und sind sauber. Es ist weder Schleim noch eine Verkrustung zu erkennen. Hat Deine Katze nach einer längeren Ruhephase etwas getrocknete Tränenflüssigkeit am Auge, ist dies ganz normal und entspricht dem Schlafsand, den auch wir Menschen öfters am Auge haben.

Zur Kontrolle der Augen hältst Du den Kopf Deiner Russisch Blau sanft in den Händen und streichst gegebenenfalls das Fell zur Seite. Fällt Dir dabei auf, dass Deine Katze häufiger unter Schlafsand im Auge leidet, kannst Du dazu übergehen, ihr jeden Morgen nach dem Aufstehen vorsichtig mit einem feuchten Lappen über die Augen zu wischen und den Schlafsand damit zu entfernen. Achte dabei darauf, dass der Lappen nicht fusselt, sonst können Rückstände im Auge zurückbleiben. Auch solltest Du für jedes Auge einen eigenen Lappen verwenden, damit sich mögliche Erreger oder Verunreinigungen nicht von einem Auge auf das andere übertragen.

Bei Katzen, die häufiger Probleme mit den Augen haben, empfiehlt es sich, den Lappen statt in Wasser in lauwarme Kochsalzlösung oder Kamillentee zu tunken. Beide Varianten solltest Du vorher aber nochmal filtern, damit keine noch so kleinen Rückstände ins Katzenauge gelangen.

Sollte Deine Russisch Blau zu langen Haaren um die Augen neigen, ist es ratsam, diese regelmäßig zu kürzen. So verhinderst Du, dass durch die Haare Verunreinigungen ins Auge gelangen oder die Haare selbst die Augen reizen.

Die nachfolgenden Symptome können darauf hinweisen, dass mit den Augen Deiner Katze etwas nicht stimmt und Du besser den Tierarzt aufsuchen solltest:

- Überdurchschnittliche Lichtempfindlichkeit
- Berührung des Auges mit der Pfote
- Berührungsempfindlichkeit
- Dicklicher Ausfluss aus dem Auge
- Stark blutunterlaufene Augen
- Erweiterte Pupillen
- Augenveränderungen jedweder Art

Darüber hinaus rate ich Dir, Deine Katze vor unnötig viel Staub und Pollen zu schützen. Bei Freigängern ist es in der

Hauptpollenzeit manchmal auch abzuwägen, ob sie rausgelassen werden sollen, das gilt ganz besonders dann, wenn Deine Katze häufiger Probleme mit den Augen hat. Lasse den Freigang dann lieber für ein paar Tage ausfallen. Ist es doch mal zu einer Verunreinigung gekommen, rate ich Dir, ihre Augen nach dem Freigang mit einem milden Augenreiniger ohne Konservierungsstoffe auszuspülen. Diese kannst Du in den meisten Apotheken und Tierbedarfsläden kaufen.

Ebenso wie Pollen und Staub solltest Du auch trockene Raumluft vermeiden. So wie wir Menschen kann auch eine Katze unter trockener Heizungsluft leiden und dadurch tränende oder brennende Augen bekommen. Im Gegensatz zu uns Menschen erkennt die Katze jedoch nicht die Ursache und meidet die direkte Nähe zu Kaminöfen und Heizungen nicht. Bemerkst Du daher, dass Deine Russisch Blau gerade zur kalten Jahreszeit drinnen häufig unter tränenden Augen leidet oder häufig blinzelt, empfehle ich ebenfalls ein feuchtes Tuch mit Kamille für die Augen. Darüber hinaus solltest Du Dir angewöhnen, eine Wasserschale auf die Heizung oder in die Nähe des Kamins zu stellen, um die Luftfeuchtigkeit zu erhöhen. Das wird nicht nur den Augen Deiner Katze helfen, sondern auch Deinen eigenen.

So wie Katzen die Gefahr bei trockener Heizungsluft nicht erkennen, erkennen sie sie auch bei Zugluft nicht. Ganz im

Gegenteil genießen viele Katzen die Zugluft und halten ihren Kopf mit voller Absicht genau hinein. Achte darauf, dass Deine Katze nicht allzu oft die Gelegenheit dazu bekommt, denn auch das kann vermehrt zu Bindehautentzündungen führen.

Meine Empfehlung an Dich lautet:

Hat Deine Russisch Blau keine Probleme mit ihren Augen, brauchst Du sie nicht täglich zu untersuchen.. Bei meinen Katzen musste ich bisher keine regelmäßigen Untersuchungen durchführen und auch noch nie den Morgensand aus den Augen entfernen. Das heißt nicht, dass meine Katzen keinen Morgensand in den Augen haben, aber bisher hat sich immer alles von selbst behoben. Fällt mir etwas auf, beobachte ich meine Katze und solange es nicht schlimmer wird, unternehme ich erst einmal nichts.

Die Tipps mit der Zugluft und auch mit der trockenen Heizungsluft solltest Du aber auf jeden Fall beachten. Es ist nicht viel Aufwand, aber damit kannst Du Deiner Katze größeres Leid ersparen.

HAUT- UND FELLPFLEGE

Im Allgemeinen gilt das Fell der Katze als Spiegel ihrer Gesundheit. Ist das Fell glänzend, dicht und widerstandsfähig, kannst Du davon ausgehen, dass Deine Russisch Blau gesund ist. Sobald sich jedoch das Fell verändert, es stumpf und brüchig wird, es verfilzt oder übermäßig stark ausfällt, kann ein Problem vorliegen. Dieses Problem liegt dann meist ein Stück tiefer – denn häufig werden Fellprobleme durch Hautirritationen hervorgerufen. Andere Ursachen können eine Mangelernährung oder auch Parasiten sein.

Die Haut ist nicht nur das größte Organ Deiner Katze, sondern sie erfüllt auch einige wichtige Aufgaben:

- **Sie schützt Deine Katze vor Krankheitserregern.** Sie dient als immunologische Grenzfläche und hält dadurch sowohl Bakterien als auch Pilze und andere schädliche Stoffe von den inneren Organen fern.
- **Sie regelt die Temperatur Deiner Katze.** Durch die Erweiterung oder Verengung der Blutgefäße bietet sie Deiner Katze Schutz vor Hitze und Kälte.
- **Sie unterstützt sie bei der Kommunikation.** Durch winzige Muskeln in der Haut wird das Aufrichten des Fells sichergestellt. Außerdem

werden über die Haut sowohl Duftstoffe als auch Hormone abgegeben.

- **Sie dient der Entgiftung.** Über die Haut werden sowohl Abbauprodukte des Stoffwechsels als auch schädliche Stoffe abgesondert.
- **Sie ist für den Fellwechsel verantwortlich.** Die Haarfollikel, die das Haarkleid Deiner Katze bilden, liegen in der Haut. Zweimal im Jahr findet genau hier der Fellwechsel statt.

Damit Du die Gesundheit der Haut und gleichzeitig die Schönheit des Fells sicherstellen kannst, ist nicht nur eine regelmäßige Fellpflege notwendig, sondern auch eine ausgewogene Ernährung. Denn was viele Katzenhalter nicht wissen ist, dass sich Mangelerscheinungen in der Ernährung meist als erstes an der Haut und dem Fell der Katze zeigen.

Jetzt fragst Du Dich vielleicht, wie die gesunde Haut Deiner Russisch Blau eigentlich aussehen soll? Ist sie gerötet, trocken oder schuppig oder zeigt Deine Katze ein erhöhtes Kratzverhalten, könnte dies auf eine Hauterkrankung hinweisen. Ebenso sieht es bei stumpfem oder fettigem Fell und bei Haarverlust aus.

Experten empfehlen, die Haut und das Fell der Katze täglich zu pflegen beziehungsweise zu untersuchen. Das Ganze muss dabei nicht nur eine langweilige Routine sein, sondern kann durch den intensiven Kontakt ein liebgewordenes Ritual werden, welches eure Beziehung zueinander stärkt.

Das tägliche Bürsten nimmt bei Deiner Russisch Blau tatsächlich weniger Zeit in Anspruch, als Du jetzt vielleicht annimmst. Denn die tägliche Pflege sorgt dafür, dass sich deutlich weniger Haare und Hautpartikel lösen, als wenn Du es nur unregelmäßig machst. Auch entfernst Du dadurch Schmutzreste von Freigängen im Garten, bevor sie sich in der kompletten Wohnung verteilen können, und Du entdeckst Zecken, Flöhe und andere Parasiten deutlich schneller.

Natürlich ist Deine Russisch Blau durch ihre Zunge hervorragend dazu ermächtigt, ihr Fell selbst zu pflegen, was die meisten auch jeden Tag selbst machen. Bei der Fellpflege mit ihrer Zunge wird Deine Russisch Blau jedoch unumgänglich Haare verschlucken, welche dann Haarballen bilden und von ihr wieder erbrochen werden. Ich weiß nicht, wie Du das siehst, aber ich bevorzuge es tatsächlich, so wenig erbrochene Haarballen wie möglich in meiner Wohnung vorzufinden. Daher habe ich das regelmäßige Bürsten von Beginn an zu einem unerlässlichen Wohlfühlprogramm erklärt Auch als Halter einer Kurzhaarkatze kann ich Dir diese Routine nur aufs Wärmste empfehlen.

Ist Deine Russisch Blau nicht an das regelmäßige Bürsten gewöhnt und reagiert verunsichert oder sogar aggressiv auf das Bürsten, gilt hier derselbe Rat wie bei der Augenpflege: Gehe es zum einen langsam und zum anderen mit vielen Leckerchen und Streicheleinheiten an. Mache das Bürsten zu etwas angenehmem für Deine Katze, auf das sie sich freut. Beginne erstmal mit einer intensiven Spieleeinheit und powere sie dadurch aus. Je relaxter sie im Anschluss an die Spieleinheit ist, desto geringer wird ihre Aufregung und Aggression beim Bürsten sein. Erst wenn sich Deine Russisch Blau ruhig und entspannt von dem aufregenden Spiel erholt, kannst Du sie mit einer kleinen Streicheleinheit noch zusätzlich belohnen, bis Du – von ihr unbemerkt – auf eine weiche Bürste übergehst. Hier empfiehlt sich eine Babyhaarbürste, Du findest im Tierfachhandel aber auch viele Alternativen. Sobald Deine Katze das entspannt mit sich machen lässt, kannst Du auf eine Bürste mit härteren Borsten und erst final auf einen Kamm übergehen – was bei Deiner Russisch Blau und ihrem kurzen Fell nur selten nötig sein wird. Achte beim Bürsten darauf, dass Du immer mit dem Strich von den Ohren zum Schwanz bürstest. Den Schwanz solltest Du dabei niemals Kämmen, sondern lediglich sanft bürsten. Um den Bauch zu erreichen, ist es oft am einfachsten, bei einer stehenden Katze von oben unter den Bauch zu greifen, statt sie dazu zu bringen, sich auf den Rücken zu legen.

Mit Deiner Russisch Blau hast Du das Glück, dass die Fellpflege sehr leicht ist. Sie besitzt von Natur aus ein sehr kurzes und glattes Fell. Daher wird die Fellpflege bei euch etwas schneller gehen als bei Langhaarrassen. Aber auch bei Deiner Russisch Blau werden täglich Haare abgestoßen und neue gebildet, weshalb ich auch hier das regelmäßige Bürsten empfehle.

Baden solltest Du Deine Russisch Blau eigentlich nicht, beziehungsweise nur, wenn Du es aufgrund einer akuten Verschmutzung oder einer Erkrankung für unbedingt notwendig erachtest. Intensives Baden und insbesondere das Einshampoonieren zerstören die natürliche Schutz- und Fettschicht des Fells und der Haut. Das kann zu Hautirritationen und Juckreiz führen. Bade Deine Katze daher nur im Ausnahmefall und verwende Shampoo nur, wenn es unbedingt notwendig ist.

Hinzu kommt, dass die meisten Katzen Wasser scheuen und Du daher durchaus mit Gegenwehr rechnen musst. Als Vorbereitung für das Bad empfehle ich Dir, eine kleine Badewanne mit einer rutschfesten Unterlage bereitzustellen. Eine normale Badewanne ist meist keine gute Wahl, da sie zu viele Fluchtmöglichkeiten bietet. Überprüfe darüber hinaus, dass das Wasser zwar warm, aber auf keinen Fall heiß ist. Auch der Raum sollte ausreichend warm sein, damit Deine Russisch Blau anschließend mit nassem Fell nicht friert.

Wusstest Du schon, ...

... dass Du auf keinen Fall Menschenshampoo verwenden solltest?

Denn die Haut Deiner Russisch Blau weist einen anderen PH-Wert auf als das bei uns Menschen der Fall ist. Sie verträgt daher Menschenshampoo nur sehr schlecht und bei häufigerer Anwendung wird es zu Hautirritationen führen. In jedem gängigen Tierbedarfsladen wirst Du aus diesem Grund Katzenshampoo finden.

Gerade beim ersten Bad solltest Du wieder sehr vorsichtig und langsam vorgehen. Beginne ganz langsam mit den einzelnen Pfoten Deiner Katze und befeuchte diese mit Wasser. Nur wenn Deine Russisch Blau dabei ruhig und entspannt bleibt, machst Du mit den Beinen weiter. Taste Dich langsam über den Körper nach vorne durch. Gehe über den Schwanz, die Seiten und den Rücken langsam weiter.

Den Kopf solltest Du nur dann nass machen, wenn Deine Katze an das Baden gewöhnt oder komplett tiefenentspannt ist. Sollte dies nicht der Fall sein, rate ich Dir, lieber einen nassen Schwamm oder Waschlappen zu verwenden und damit sanft den Kopf zu reinigen. Spare auch beim Einshampoonieren den Kopf aus, um zu vermeiden, dass das Shampoo in die Augen, Ohren, Schnauze oder Nase gelangt. Gehe auch beim Ausspülen ebenso langsam und sanft vor.

Sollte Deine Russisch Blau in Panik geraten, unterbreche die ganze Aktion sofort. Sie muss sich wohlfühlen und das erreichst Du nicht mit Druck. Probiere, sie mit Futter und Streicheleinheiten zu entspannen und powere sie gegebenenfalls vorab durch eine intensive Spieleinheit aus. Bleibe in jedem Fall ruhig und reagiere nicht böse, gestresst oder genervt.

Wenn Du mit dem Baden fertig bist, probiere sie am besten direkt abzutrocknen, so gut es eben geht. Rubbele dabei aber nicht zu feste. Viele Katzen mögen es zudem nicht, geföhnt zu werden. Du solltest es aber austesten, da sie damit deutlich schneller trocknen. Führe es aber nicht weiter aus, wenn Deine Russisch Blau es nicht mag. Im Winter musst Du besonders darauf achten, dass Deine Katze ausreichend Wärme zur Verfügung hat, bis sie vollständig getrocknet ist, um eine Erkältung zu verhindern. Im Sommer, wenn es warm ist, kannst Du das Abtrocknen und Föhnen eigentlich komplett auslassen, dann wird sich Deine Katze über das kühle, nasse Fell sehr freuen. Da nasse Katzen sehr empfindlich gegenüber Zugluft sind, solltest Du darauf achten, dass Fenster und Türen geschlossen bleiben, bis Deine Russisch Blau vollständig getrocknet ist.

Pflegeprodukte wie Sprays kannst Du verwenden, sind aber nicht notwendig. Durch eine richtige und vollwertige Ernährung sollte das Fell Deiner Katze ausreichend glänzen.

Meine Empfehlung an Dich lautet:

Eine gesonderte Untersuchung des Fells oder der Haut führe ich eigentlich selten durch, denn das ist nicht notwendig. Bei uns ist es Tradition, dass jeden Abend ausgiebig geschmust wird. Diese Schmuseeinheit nutze ich, um mir ganz nebenbei das Fell und die Haut meiner Katzen genauer anzuschauen. Beim Bürsten halte ich es flexibel. Im Prinzip bürste ich meine Lieblinge einmal die Woche. Steht jedoch der Fellwechsel an, bürste ich sie täglich. Eine extra Runde Bürsten fällt ebenfalls an, wenn sie nach einem langen regnerischen Aufenthalt im Garten stark verdreckt sind, was aber zum Glück nicht allzu oft vorkommt. Um unnötiges Baden zu vermeiden, warte ich meist, bis meine Katzen gut getrocknet sind und dann bürste ich den Dreck so gut es geht aus. Sollte Deine Katze keine akuten oder chronischen Probleme mit ihrer Haut, ihren Falten oder ihrem Fell haben, könnte diese Vorgehensweise auch bei euch passen.

Ohrenpflege

Ich muss wohl kaum betonen, wie wichtig die Ohren für Deine Russisch Blau sind. Sie dienen ihr nicht nur fürs Gehör, sondern auch für das Gleichgewicht und die Kommunikation mit Artgenossen. Eine regelmäßige Ohrenkontrolle wird von Experten daher ebenfalls empfohlen.

Das Katzenohr an sich besteht aus drei Bestandteilen:

- Dem Außenohr
- Dem Mittelohr
- Dem Innenohr

Sie hört damit um ein Vielfaches besser als Du und ich und kann zusätzlich Frequenzen wahrnehmen, die höher und tiefer sind als das, was wir hören können. Damit das so bleibt, ist es wichtig, dass Du die Ohren Deiner Katze regelmäßig überprüfst.

Im Idealfall solltest Du dabei nichts Besonderes feststellen, denn ein gesundes Katzenohr ist gut durchblutet und sauber. Der Körper Deiner Katze verfügt nämlich über ausreichende Selbstreinigungskräfte. So wird beispielsweise genügend Ohrenschmalz gebildet, um Dreck herauszuspülen, feine Schutzhaare halten Staubkörner und Ähnliches schon auf, bevor sie ins Innenohr gelangen können, und eine gute Belüftung tut ihren Rest, um ein feuchtes und warmes Klima zu unterbinden, das viele Bakterien bevorzugen.

Die häufigsten Ohrenkrankheiten einer Katze betreffen das Außenohr und den äußeren Gehörgang. Folgende Symptome können darauf hindeuten, dass hier etwas nicht stimmt:

- Du nimmst einen seltsamen und unangenehmen Geruch wahr, der aus den Ohren kommt.
- Der Gehörgang ist stark verschmutzt oder verklebt (zum Beispiel durch schwarzes Sekret oder Ohrenschmalz).
- Du entdeckst kleine schwarze Punkte im Ohr (evtl. handelt es sich dabei um Parasiten).
- Du erkennst eine Rötung oder sogar Eiter (Achtung – hier könnte eine Infektion vorliegen).
- Du findest eine frische Wunde oder eine Blutung.
- Dir fällt auf, dass sich Deine Russisch Blau auffällig oft an den Ohren kratzt, dass sie den Kopf häufig schüttelt oder ihn sogar schief hält.

Bei den meisten dieser Symptome rate ich Dir, einen Tierarzt zur Aufklärung aufzusuchen. Sollte es sich allerdings nur um eine leichte Verschmutzung des Außenohres handeln, kannst Du versuchen, dieses selbst zu reinigen.

Hierfür empfehle ich Dir erneut einen feuchten, fusselfreien Lappen, den Du um Deinen Zeigefinger wickelst und damit vorsichtig die Ohrmuschel säuberst. Wichtig ist, dass der Lappen nicht zu feucht ist und keine Flüssigkeit ins Mittelohr tropft und dass Du das Außenohr anschließend wieder vorsichtig, aber gründlich abtrocknest. Durch die Feuchtigkeit kann ansonsten die Ausbreitung von Bakterien begünstigt werden. Wenn Du möchtest, kannst Du den Lappen anstelle von Wasser wieder in Kamillentee tunken und Dir die entzündungshemmende Wirkung des Tees zu Nutze machen. Achte beim Wasser (bzw. dem Tee) darauf, dass es Raumtemperatur aufweist.

Bei starken Verschmutzungen kannst Du im Fachhandel Reinigungslotionen und Tropfen erwerben. Ich rate Dir, diese auf jeden Fall draußen oder in der Badewanne anzuwenden, da sich Deine Katze danach ausgiebig schütteln wird. Sollten die Symptome damit nicht schnell besser werden, empfehle ich auch hier die Hinzunahme eines Tierarztes.

Was Du auf jeden Fall unterlassen solltest, ist die Verwendung von Ohrenstäbchen zur Reinigung. Die Gefahr, Keime, Schmalz oder Schmutz damit nur noch tiefer ins Ohr zu schieben, ist sehr groß, womit Du enormen Schaden anrichten kannst. Außerdem kannst Du damit bei einer unbedachten Kopfbewegung Deiner Katze schnell ihr Trommelfell irreparabel verletzen.

Zum Abschluss sei noch erwähnt: Ähnlich wie bei der Augen- und Fellpflege empfehle ich auch bei der Ohrenpflege, dass Du Deine Russisch Blau schon im frühen Alter daran gewöhnst. Gehe es langsam und behutsam an und verbinde die Untersuchung und eventuelle Reinigung der Ohren am Anfang mit ausgiebigen Streicheleinheiten und dem einen oder anderen Leckerchen.

Wusstest Du schon,...

Durch die stehenden Ohren hat Deine Russisch Blau kaum Probleme mit ihren Ohren. Ich schaue sie mir daher nur einmal die Woche an und reinige sie nur, wenn mir eine größere Verschmutzung auffällt. Bei Freigängern Du genauer auf die Ohren achten, da hier ein Befall durch Parasiten zu bestimmten Jahreszeiten vermehrt auftreten kann. Sollte Deine Russisch Blau keine Vorerkrankungen aufweisen, wirst Du wahrscheinlich auch nur wenig Zeit in die Ohrenpflege investieren müssen.

GEBISSPFLEGE

Die Gebiss- beziehungsweise Zahnpflege ist für uns Menschen selbstverständlich, doch viele Katzenhalter meinen, dass diese bei ihrer Samtpfote nicht notwendig ist. Das ist aber falsch. Da das Gebiss Deiner Katze zur Kommunikation, als Jagdwaffe und als Fresswerkzeug dient, ist es umso wichtiger, dass es in einem guten Zustand ist und bleibt. Wie genau Du das erreichst, erfährst Du in diesem Kapitel.

Ähnlich wie wir besitzt Deine Russisch Blau zu Beginn Milchzähne. Diese fallen im dritten bis sechsten Lebensmonat aus, was häufig dazu führt, dass das Kitten alles anknabbert, was ihm zwischen die Zähne kommt. Das macht es übrigens, um den durchaus schmerzhaften Prozess des Zahnwechsels zu beschleunigen. Eine ausgewachsene Katze verfügt schließlich über 30 Zähne, die sie zum Ergreifen, Festhalten, Reißen, Töten und Fressen nutzt.

Gewöhne Deine Katze im Idealfall von Anfang an daran, dass Du regelmäßig ihr Zahnfleisch und auch ihre Zähne begutachtest. Fällt Dir dabei auf, dass die Zähne leicht gelblich-braun verfärbt sind oder dass braune Ränder am Zahnfleisch sichtbar werden, solltest Du das als Alarmsignal ansehen. Sehr wahrscheinlich handelt es sich dabei um Plaque oder einen bakteriellen Befall. Kommt dazu noch ein unangenehmer Mundgeruch, ist dies ebenfalls ein starkes

Anzeichen für Zahnprobleme oder eine Zahnfleischentzündung. Dazu zählt ebenfalls blutiges oder stark gerötetes Zahnfleisch.

Ich kann Dir nur raten, gar nicht erst zu warten, bis es so weit kommt, sondern schon vorzeitig aktiv zu werden und mit der richtigen Zahnpflege diesen Problemen keine Chance zu geben. Das ist umso wichtiger, da statistisch betrachtet etwa 75 % aller Katzen, die über drei Jahre alt sind, an Beeinträchtigungen im Maul leiden – eine erschreckend hohe Zahl, die zeigt, wie wichtig die Vorbeugung ist.

Die häufigsten Ursachen für Plaque sind meist falsches Futter oder Futterreste, die zwischen den Zähnen hängen bleiben, wodurch sich dort Bakterien ansammeln. Durch die Mineralien im Speichel wird der Plaque schlussendlich zu Zahnstein, den nur noch der Tierarzt beseitigen kann.

Die Zahnpflege beginnt bei Katzen daher immer mit dem Futter. Katzen, die ausschließlich über eingeweichtes Trockenfutter oder mit Nassfutter gefüttert werden, kauen (oder reißen) kaum noch. Sie schlucken die kleinen weichen Bröckchen direkt herunter. Katzen, die im Gegensatz dazu frisches Muskelfleisch fressen, bekommen je nach Größe des Brockens deutlich mehr zu kauen bzw. zu reißen – und genau an dieser Stelle beginnt die natürliche Zahnpflege.

Durch das Kauen (bzw. Reißen) reinigt Deine Russisch Blau automatisch ihre Zahnoberfläche und verhindert damit, dass Plaque und später Zahnstein entstehen. Durch den anhaltend hohen Speichelfluss werden die Zähne dabei nochmal zusätzlich gereinigt. Am effektivsten ist dieser Vorgang, wenn Deine Katze daher neben Nassfutter auch uneingeweichtes Trockenfutter oder sogar Frischfleisch erhält. Durch das harte Trockenfutter wird der Zahn automatisch von Plaque gereinigt. Es gibt sogar Trockenfutter, das extra für die Zahnreinigung konzipiert wurde.

Wusstest Du schon, ...

... dass sportlich aktive Katzen deutlich weniger Probleme mit ihren Zähnen haben?

Wissenschaftliche Studien haben gezeigt, dass beim Sport der Speichelfluss gefördert wird, wodurch sich die Zahnreinigung verbessert.

Auch Kauspielzeug oder spezielle Kauartikel aus dem Fachhandel sind eine gute Ergänzung zur natürlichen Zahnpflege. Darüber hinaus gibt es noch die Möglichkeit, Deine Russisch Blau mit speziellen Katzenzahnbürsten und Katzenzahnpasta einer gründlichen Zahnreinigung zu unterziehen. Diese Methode empfehle ich Dir allerding nur, wenn das Zähneputzen aufgrund von Zahnfehlstellungen beispielsweise unumgänglich wird. Gewöhne Deine Katze dann am besten schon im Kittenalter an die Prozedur, damit sie es sich auch später von Dir gefallen lässt.

Meine Empfehlung an Dich lautet:

Bei einer gesunden Russisch Blau solltest Du mit der Fütterung mit Trockenfutter gut zurechtkommen. Achte zusätzlich darauf, dass Deine Katze nur ungezuckerte Futtermittel erhält. Auch die Fütterung von zu vielen Leckerchen zwischendurch kann die Plaquebildung beschleunigen. Was bei uns Menschen gilt, gilt auch bei unseren Katzen: Je älter, desto anfälliger werden die Zähne und das Zahnfleisch. Je älter Deine Russisch Blau wird, desto eher wirst Du Plaque ausmachen können. Daher kann es ratsam sein, Deinen Untersuchungszeitraum an das Alter Deiner Katze anzupassen.

PFOTENPFLEGE

Pediküre für die Katze halten viele für ein übertriebenes Verhalten – doch ich und auch viele Experten und Tierärzte sehen das anders. Vielleicht ist Dir schon mal aufgefallen, dass Deine Russisch Blau an ihren Pfoten leckt oder an ihren Krallen knabbert. Falls dem so ist, hat Deine Katze dringend eine Pediküre nötig. Dabei handelt es sich nicht nur um eine bloße kosmetische Maßnahme, sondern um eine wichtige Pflege, die großen gesundheitlichen Problemen vorbeugen kann.

Doch warum ist das überhaupt notwendig? Schließlich braucht die Wildkatze auch heute noch keine Pediküre. Für sie übernimmt stattdessen die Natur die wichtige Pfotenpflege. Zum großen Teil rührt das daher, dass die Wildkatze schon vom Kittenalter an über harte Untergründe, Felsen und Steine läuft und sie somit überall Möglichkeiten zum Krallenwetzen vorfindet.

Bei unseren modernen Vierbeinern sieht das anders aus. Sie befinden sich meist in unseren eigenen vier Wänden, in denen wir das Kratzen überhaupt nicht gerne sehen. Durch ihr gemeinsames Leben mit uns Menschen sind sie darüber hinaus zusätzlichen Belastungen ausgesetzt, die ihre wilden Vorfahren so meist nicht kennen, wie z.B. dem Streusalz.

Bei der Katzenkralle handelt es sich um ein absolutes Unikat. Kein anderes Tier ist dazu in der Lage, seine Krallen nach Bedarf einzuziehen oder auszufahren. Dieser Vorgang wird durch zusätzliche Sehnen ermöglicht, die durch An- oder Entspannung die Kralle aus einer gesonderten Hauttasche an der Pfote schiebt oder sie wieder einzieht. Aus diesem Grund nutzen Katzen ihre Krallen auch nicht beim Laufen ab, da sie dabei in der Regel eingezogen sind. Erst beim Klettern oder Kratzen werden die Krallen abgewetzt. Aus diesem Grund sollte ein Kratzbaum in Deiner Wohnung auch eine Selbstverständlichkeit sein, denn nur so vermeidest Du, dass Du die Krallen Deiner Katze allzu oft selbst schneiden musst.

Kommen wir jetzt dazu, wie Du erkennst, dass Deine Russisch Blau eine Pfotenpflege benötigt:

- Deine Katze bleibt beim Laufen am Teppich hängen.
- Deine Katze leckt oder knabbert an ihren Pfoten.
- Deine Katze kratzt sich selbst beim Putzen.
- Deine Katze stellt die Pfoten beim Laufen schräg auf.

Wenn Du eines dieser Anzeichen bemerkst, solltest Du Dir die Pfoten Deiner Katze unbedingt genauer anschauen. Abgesehen davon empfehlen Experten, dass Du die Pfoten mindestens einmal die Woche oder gegebenenfalls auch nach jedem langen Freigang überprüfen solltest.

Achte bei der Überprüfung der Pfoten darauf, ob sich Dreck zwischen den Ballen oder unter den Krallen angesammelt hat. Wenn ja, dann solltest Du diesen entfernen. Sind die Haare zwischen den Ballen so lang, dass sie deutlich herausschauen, solltest Du sie ebenfalls kürzen. Zum einen können sich in den Haaren vermehrt Dreck und kleine Steinchen ansammeln, die Schmerzen verursachen. Zum anderen können diese Haare schnell verfilzen, was dazu führt, dass Deine Katze weniger Halt hat und gerade auf glatten Oberflächen schneller ausrutscht. Zum Schneiden empfehle ich eine Spezialschere mit abgerundeten Enden. Sind die Pfoten besonders stark verschmutzt, kann ein lauwarmes Pfotenbad Abhilfe verschaffen.

Fallen Dir bei der Untersuchung Risse, Schnittwunden oder sogar eingewachsene Krallen auf, solltest Du einen Tierarzt zu Rate ziehen. Zwar kannst Du auch erstmal eine Fettcreme oder Vaseline (gerade bei rissigen Ballen) auftragen, dennoch empfehle ich Dir, das Ganze von Deinem Tierarzt untersuchen zu lassen, insbesondere wenn es länger anhält oder öfters vorkommt. In beiden Fällen ist Kamille im Pfotenbad ebenfalls sehr wirksam.

Im Winter bedürfen die Pfoten Deiner Freigänger-Katze einer besonderen Pflege. Durch Splitt, Eis und Salz sind sie ganz besonders beansprucht. Daher solltest Du Dir während der kalten Jahreszeit angewöhnen, die Pfoten nach jedem Freigang zu überprüfen. Ich creme die Pfoten meiner Katze außerdem vor jedem Freigang mit Vaseline ein. Ist Deine Katze schon in der wärmeren Jahreszeit besonders anfällig für wunde und rissige Pfoten, solltest Du im Winter über die Anschaffung von besonderen Katzenschuhen nachdenken. Wichtig ist dabei, dass sie richtig gut sitzen, von guter Qualität sind und von Deiner Katze nicht ausgezogen werden können. Alternativ wäre es auch angebracht, zu überlegen, ob Freigang bei diesen Problemen überhaupt sinnvoll ist oder ihn auf einen katzensicheren Balkon oder Garten beschränken.

Kommen wir zur Krallenpflege: Das Krallenschneiden an sich kann von jedem durchgeführt werden. Allerdings empfehle ich, dass Du es Dir beim ersten Mal von einem Tierarzt zeigen lässt. Denn in den Krallen verlaufen sowohl Nerven als auch Blutgefäße, die bei Deiner Katze „Leben" genannt werden. Diese darfst Du auf keinen Fall verletzten, da es für Deine Samtpfote sehr schmerzhaft ist und darüber hinaus sehr stark blutet.

Verlasse Dich bitte nie auf den Abstandshalter der Krallenschere, sondern achte selbst genau darauf, wie weit Du schneidest. Ich empfehle immer, dabei mit sehr viel Licht von unten zu arbeiten. Wenn Du genau hinschaust, kannst Du meist sehen, bis wohin das Leben geht. Manchmal hilft es auch, eine Taschenlampe von unten gegen die Kralle zu halten, um das Leben besser zu erkennen.

Beim Krallenschneiden ist es sehr wichtig, dass Deine Katze ruhig liegt und ihre Pfote nicht plötzlich wegzieht. Als Tipp kann ich Dir daher nur raten, mache Deine Russisch Blau vorher müde, dann steigt die Wahrscheinlichkeit, dass sie stillhält. Halte die Pfote auch nicht zu locker. Denke aber auch beim Krallenschneiden daran, es Deiner Katze so angenehm wie möglich zu machen. Verwende auch hier wieder ausgiebig Leckerchen und Streicheleinheiten.

Übe mit den Fingern leichten Druck auf den Ballen und die Oberseite der Pfote aus. Dadurch wird die Kralle etwas herausgedrückt. Schneide mit der Schere nur die verhornte Kralle weg. Sobald Du merkst, dass der verhornte Bereich endet, musst Du unbedingt aufhören. Halte die Schere dabei waagerecht und schneide immer im rechten Winkel zur Wachstumsrichtung der Kralle. Schneide auch nicht mehr als wenige Millimeter auf einmal weg, damit Du nicht zu weit schneidest. Bleibe bei der ganzen Prozedur ruhig und gib Deiner Katze damit Halt. Überanstrenge sie nicht und lobe sie nach vollendeter Tat ausgiebig.

Solltest Du doch einmal das Leben verletzen, dann bleibe ebenfalls ruhig. Es wird durch die starke Blutung deutlich schlimmer aussehen, als es eigentlich ist. Halte ein Wattepad oder eine Kompresse gegen die Wunde gedrückt und warte einige Minuten ab. In der Regel sollte die Blutung bis dahin gestillt sein. Ist dies nicht der Fall, kannst Du auf einen kleinen Hausmitteltrick zurückgreifen. Vermische Mehl mit etwas Wasser, so dass es zu einer dickflüssigen Pampe wird. Halte diese mit dem Wattepad oder der Kompresse erneut für ein paar Minuten auf die Wunde gepresst. Die Pampe wird verklumpen und eine Art Pfropfen auf der Wunde bilden.

Sollte die Blutung dennoch nach circa 20 Minuten noch nicht gestillt sein, solltest Du einen Tierarzt aufsuchen. Ist sie gestillt, legst Du am besten noch einen kleinen Verband an und packst eine alte (aber frisch gewaschene!) Socke um die gesamte Pfote. Fixiere sie beispielsweise mit Klebeband, damit Deine Russisch Blau sie nicht abbeißen oder -reißen kann. Die Socke soll verhindern, dass die frische Wunde verunreinigt wird und sollte für eine Woche getragen werden. Schaue Dir die Wunde aber täglich an. Solange sich nichts entzündet und sich Deine Katze normal verhält, ist ein Tierarztbesuch meines Erachtens nicht notwendig. Selbstverständlich kannst Du auch einen Blutstillstift verwenden, den Du in jeder gängigen Drogerie in der Rasierbedarfsabteilung finden müsstest.

Wie gesagt, ist die Krallenpflege nicht schwierig, aber sie erfordert Bedacht, ein sicheres Händchen und ganz viel Ruhe. Da für einen Laien am Anfang schwer zu erkennen ist, wo das Leben beginnt, solltest Du es Dir das erste Mal von einem Profi – sprich Deinem Tierarzt – zeigen lassen. Traust Du es Dir dann zu, kannst Du es von da an selbst machen oder weiterhin den Tierarzt dafür aufsuchen.

Meine Empfehlung an Dich lautet:

Außerhalb der Wintermonate kontrolliere ich die Pfoten meiner Katzen eher selten. Durch das Salz, Streugut und Eis habe ich aber tatsächlich schon öfters wunde oder rissige Stellen entdeckt, die ich anschließend mit Vaseline behandelt habe.

Da ich meine Katzen von Anfang an stets euphorisch belohnt habe, wenn sie zu Hause den Kratzbaum verwendet haben, habe ich kaum ein Problem mit zu langen Krallen. Hierbei muss ich gestehen, dass ich persönlich dem Krallenschneiden nur ungern selbst nachkomme und dafür meist den Tierarzt aufsuche. Ich kenne jedoch viele Katzenhalter, die ohne Probleme die Krallen ihrer Katzen eigenhändig kürzen.

WAS DU BEI DEINER RUSSISCH BLAU BEI DER KÖRPERPFLEGE BESONDERS BEACHTEN MUSST

Auf den vorherigen Seiten hast Du viel über die Körperpflege Deiner Russisch Blau im Allgemeinen gelernt. Wichtig ist mir an dieser Stelle nochmal zu betonen, dass Du diese Pflege nicht täglich im vollen Umfang ausführen musst. Ein achtsamer Katzenhalter, der sich täglich mit seiner Katze beschäftigt, mit ihr spielt, jagt, trainiert und schmust, wird in der Regel keine separaten Untersuchungen benötigen, da ihm Veränderungen sofort auffallen. Dennoch möchte ich Dir ans Herz legen, Deine Russisch Blau darauf zu trainieren, dass es in Ordnung ist, wenn Du – oder auch der Tierarzt – ihre Pfoten, Ohren, Augen und Zähne untersuchst. So ersparst Du allen Beteiligten viel Leid, Stress und Ärger.

Wahrscheinlich wird es viele Russisch Blau Katzen geben, die auch ohne diese Pflege von ihren Haltern lange und glücklich leben. Aber es gibt auch viele, die still leiden und niemand bemerkt es. Im Interesse Deiner Katze solltest Du diese Zeit, die wirklich kurzgehalten ist, investieren. Und das Gute daran ist: Nicht nur die Gesundheit Deiner Russisch Blau wird dadurch gesteigert, sondern auch eure Bindung zueinander. Durch die intensive Untersuchung und den hohen Grad an Vertrauen, den Deine Katze Dir damit entgegenbringt, werdet ihr noch enger aneinander-geschweißt.

Wie bereits am Anfang dieses Kapitels beschrieben, hast Du mit Deiner Russisch Blau auch nicht so viel zu beachten wie das bei manch anderen Rassen vielleicht der Fall ist. Ihr Fell ist sehr robust und benötigt außer dem regelmäßigen Bürsten kaum zusätzliche Pflege von Dir.

Checkliste: Regelmäßige Pflege

Bei einer gesunden Russisch Blau treffen die folgenden Punkte zu:

- ☐ Die Augen sind klar und glänzend. Sie weisen keine Rötungen, Schleim oder sonstige Veränderungen auf.
- ☐ Die Haut ist nicht gerötet, nicht trocken oder schuppig.
- ☐ Das Fell glänzt und ist dicht. Es liegt außerhalb des Fellwechsels kein vermehrter Haarausfall vor.
- ☐ Die Ohren sind nicht verschmutzt, weisen keine Rötungen oder dunkle Punkte auf und Deine Katze schüttelt nicht ungewöhnlich oft ihren Kopf oder kratzt sich vermehrt am Ohr.
- ☐ Die Zähne weisen keine gelblich-braunen Beläge auf und das Zahnfleisch ist weder gerötet, noch blutet es. Außerdem nimmst Du keinen unangenehmen Mundgeruch wahr.
- ☐ Die Pfoten sind weder rissig noch wund, noch hat sich Dreck zwischen den Ballen angesammelt.

☐ Deine Katze bleibt beim Laufen nicht am Teppich oder anderen Stoffbelägen hängen.

Checkliste: Pflegeutensilien

Folgende Utensilien empfehle ich für die Pflege Deiner Russisch Blau:

- ☐ Krallenzange
- ☐ Zeckenzange
- ☐ Katzenshampoo
- ☐ Bürste (evtl. eine weiche Babyhaarbürste und eine Katzenbürste mit festeren Borsten)
- ☐ Kamm (grob- und feinzahnig und eventuell auch einen Flohkamm)
- ☐ Lotion oder Tropfen zur Ohrenreinigung
- ☐ Fusselfreie Tücher
- ☐ Kamillentee
- ☐ Blutstillstift

- Kapitel 4 -

HÄUFIGE ERKRANKUNGEN

Die Gesundheit ihrer Katze ist vielen Haltern fast wichtiger als die eigene Gesundheit. Geht es dem Tier schlecht, geht es auch dem Menschen schlecht. Zum Glück leben wir heute in einer Zeit, in der wir selbst für Tiere ein gutes Gesundheitssystem haben. Es gibt ausreichend Medikamente, gute Tierärzte und sogar Kliniken, in denen unsere Vierbeiner hervorragend behandelt werden können.

Denn so wie wir Menschen leiden auch unsere Katzen während ihres Lebens an zahlreichen Krankheiten. Manche sind gut behandelbar, manche weniger. In manchen Fällen können wir als Halter schon helfen, in anderen ist der Besuch beim Tierarzt oder sogar der Tierklinik unumgänglich.

In diesem Kapitel gebe ich Dir einen kurzen Überblick über die häufigsten Krankheiten einer Russisch Blau, die durch Parasiten ausgelöst werden und über die am häufigsten auftretenden Magen-Darm-Erkrankungen. Du erhältst von mir Hinweise, wie Du diese erkennen kannst und wie Du am besten mit der Erkrankung umgehst. Wichtig ist mir an dieser Stelle aber wieder zu betonen, dass Du bei starkem Befall oder schwerwiegenden Erkrankungen umgehend

Deinen Tierarzt kontaktieren musst. Alle Tipps, die Du in diesem Ratgeber erhältst, sind für eher sanfte Verläufe gedacht.

Zusätzlich erhältst Du von mir noch hilfreiche Informationen zu Fieber, Impfungen und Kastration Deiner Russisch Blau sowie zu rassetypischen Erkrankungen.

Das Kapitel schließt mit zwei Checklisten darüber ab, wie Du ein gesundes Katzenleben erkennst und was in Deinem Katzen-Erste-Hilfe-Set enthalten sein sollte.

BEFALL DURCH PARASITEN

Der Befall durch Parasiten wird von vielen Haltern von Freigängern gefürchtet und das nicht zu Unrecht. Die kleinen Tierchen können bei unseren freiheitsliebenden Freunden einiges an Schaden verursachen und lassen sich darüber hinaus teilweise auch auf den Menschen übertragen.

Aus diesem Grund stelle ich Dir in diesem Buch die drei häufigsten Parasiten – nämlich Milben, Zecken und Flöhe – genauer vor. Du erfährst von mir, wie die Tierchen vorgehen, was sie bewirken und was Du dagegen unternehmen kannst. Russisch Blau Katzen, die als reine Wohnungskatzen gehalten werden, sind selten bis nie mit Parasiten befallen. Bei Katzen, die einen gesicherten Garten nutzen, kann ein Befall jedoch ab und zu ebenfalls auftreten.

Wichtig ist bei allen Parasiten, sie früh genug zu erkennen, denn dann lässt sich der Schaden noch in Grenzen halten. Werden sie erst spät – sprich bei starkem Befall – erkannt, wird es deutlich aufwendiger, sie wieder loszuwerden.

Diese Früherkennung gelingt am besten, wenn Du Dich an die Vorsorge-Untersuchungstipps aus dem vorherigen Kapitel hältst. Kontrollierst Du das Fell Deiner Katze regelmäßig und besonders nach ausgiebigen Aufenthalten auf Wiesen und Feldern, wirst Du einen Befall sehr wahrscheinlich frühzeitig erkennen und damit hast Du das wichtigste Ziel erreicht.

Außerdem gibt es ein paar Maßnahmen, die Du schon vorbeugend anwenden kannst, damit es gar nicht erst zu einem Befall kommt, aber dazu erfährst Du mehr in den einzelnen Unterkapiteln.

MILBEN

Milben gehören zur Gattung der Spinnentiere, sind aufgrund ihrer geringen Größe aber oft nur unter dem Mikroskop zu erkennen. Unterschieden werden grundsätzlich drei verschiedene Unterarten, die aufgrund ihrer Mundwerkzeuge abgegrenzt werden.

Die *Nagemilben* befallen gerne den Gehörgang der Russisch Blau und ernähren sich hauptsächlich von Hautschuppen. Dadurch erzeugen sie lokale Hautentzündungen und Juckreiz. Dieser wiederum führt zu einem vermehrten Kratzen, was wiederum Sekundärinfektionen in den Wunden erzeugen kann.

Die *Saugmilben* verfügen über ein rüsselartiges Mundwerkzeug, mit dem sie sowohl Blut als auch Lymphflüssigkeit ihres Wirtes saugen. Hierdurch entsteht die Gefahr, dass Krankheitserreger auf den Wirt übertragen werden.

Die letzte Gattung sind die *Grabmilben*. Diese „graben" sich buchstäblich durch die äußerste Hautschicht, was zu starkem Juckreiz führt, durch den die Katzen sich häufig selbst verletzen. Bei Katzen spricht man in diesem Fall von Räude, beim Menschen nennen wir es Krätze.

Die größte Gefahr droht Deiner Russisch Blau wahrscheinlich durch sogenannte Grasmilben, die der Gattung der Saugmilben angehören. Wie der Name vermuten lässt, lauern diese Milben im Gras auf vorbeilaufende Wirte.

Grasmilben sind nur 0,3 Millimeter groß und fallen durch ihren orangefarbenen Körper sehr gut auf. Wenn Du feststellen möchtest, ob auf Deinem heimischen Rasen auch Grasmilben lauern, dann breite im Sommer ein helles oder weißes Tuch auf Deinem Rasen aus. Schon nach kurzer Zeit werden sich lauter kleine orange Punkte darauf versammeln, um ein Sonnenbad zu nehmen.

Bei Deiner Katze befallen sie meist die Stellen, mit denen sie direkt in Kontakt kommen – also die Pfoten (häufig zwischen den Ballen), den Kopf (meist auf dem Nasenrücken), die Ohren, den Bauch und die Brust. Hier suchen sie sich gezielt Stellen mit möglichst dünner Haut, ritzen diese auf und injizieren ein Speichelsekret.

Dieser Speichel ist es, der meist einen sehr starken Juckreiz und in einigen Fällen auch eine sogenannte Milbenallergie verursacht. Am Blut Deiner Katze sind die Grasmilben allerdings nicht interessiert, sondern am Lymphwasser. Befallene Stellen kannst Du gut an einer orangenen Verfärbung der Haut erkennen. Außerdem kannst Du mit einem Flohkamm durch ihr Fell gehen. Meist werden Dir schon beim Kämmen die roten Punkte auffallen. Falls nicht, dann klopfe den Kamm auf einem weißen Tuch aus, hier werden die roten Punkte besser sichtbar.

Leider gibt es bisher keine verlässlichen Vorbeugemittel gegen Milbenbefall. Es gibt zwar einige Kombi-Präparate, die gegen Flöhe, Zecken und Milben wirksam sein sollen, doch ihre Wirkung ist hoch umstritten und wird von vielen Experten angezweifelt.

Dennoch bist Du nicht ganz hilflos, ein paar Maßnahmen gibt es, die Du durchaus ergreifen kannst:

- Untersuche Deinen heimischen Rasen. Entdeckst Du dort Grasmilben, dann mähe in deutlich höherer Frequenz und behandle ihn mit einem Brennnesselgemisch. Dieses tötet sehr effektiv die Larven ab. Wichtig ist, dass Du den Rasenschnitt nicht liegen lässt, sondern schnell entsorgst.
- Untersuche Deine Katze regelmäßig, nachdem sie draußen unterwegs war. Je früher Dir der Milbenbefall auffällt, desto besser. Entdeckst Du einen Befall, dann kämme sie gründlich mit dem Flohkamm durch und verpasse ihr gegebenenfalls ein Vollbad. Hier empfiehlt sich ein Kernseife-Wasser-Gemisch oder in besonders akuten Fällen auch ein Olivenöl-Apfelessig-Salzwasser-Gemisch mit einer leichten Alkohollösung. Achte darauf, dass das Wasser dabei immer lauwarm ist und Du Deine Russisch Blau

danach gründlich abspülst. Beide Bäder helfen außerdem gegen den störenden Juckreiz.

- Reinige nach einem Befall den Boden in Deiner Wohnung gründlich und wasche alle Katzendecken aus. Sauge auch über andere Liegeflächen wie das Sofa oder den Kratzbaum.
- Ist Deine Katze häufig und stark mit Milben befallen, solltest Du Deinen Tierarzt um Rat und nach geeigneten (chemischen) Mitteln fragen oder eine Zeitlang auf den Freigang verzichten.

ZECKEN

Kaum ist der Winter überstanden und es wird warm, beginnt für viele Katzenhalter die gefürchtete Zeckenzeit. Zecken zählen ebenfalls zu den Spinnentieren und gehören auch der Unterart der Saugmilben an, wie Du Dir bestimmt schon gedacht hast. Im Gegensatz zu den Grasmilben, die am Lymphwasser Interesse haben, saugen Zecken ausschließlich Blut.

Im Anfangsstadium sind Zecken meist nur so groß wie ein Stecknadelkopf und daher sehr schwer zu sehen oder zu erfühlen. Haben sie allerdings einen Wirt gefunden und sich über mehrere Tage an seinem Blut gelabt, können gerade Weibchen eine Größe von bis zu 3 cm erreichen.

Zecken sind meist an Waldrändern, auf Lichtungen, Wiesen aber auch in Parkanlagen anzutreffen. Im heimischen Garten sind sie eher selten unterwegs. Sie klettern auf hohe Grashalme oder Gebüsche und warten auf ihre nächsten Opfer. Durch ihren besonderen Geruchssinn werden sie frühzeitig auf mögliche Wirte aufmerksam, zum Beispiel indem sie den Schweißgeruch oder andere Ausdünstungen wahrnehmen. Außerdem achten sie sehr genau auf Erschütterungen und eine Veränderung im CO2-Gehalt der Luft, die durch den Atem erzeugt wird. Nimmt die Zecke dadurch ein Opfer wahr, lässt sie sich auf das Opfer fallen und sucht sich auf diesem ein geeignetes Plätzchen. Meist sind dies dünnhäutige, aber gut durchblutete Orte wie der Kopf, die Lendengegend, die Ohren oder der Bauch.

Die meisten Zecken ziehen eine bestimmte Wirtsgruppe allen anderen vor. Das liegt daran, dass sie sich meist genau auf diese Wirte spezialisiert haben und das in ihrem Speichelsekret enthaltene Betäubungsmittel genau auf diesen Wirt angepasst haben.

Wusstest Du schon, ...

... dass es weltweit über 900 bekannte Zeckenarten gibt?

In Deutschland sind davon allerdings nur rund 20 heimisch. Deine Katze wird in den meisten Fällen von nur vier Arten befallen: Dem Holzbock, der Auwaldzecke, der Schafzecke und der Braunen Hundezecke.

Die Angst, die viele Menschen Zecken gegenüber haben, ist durchaus berechtigt, denn kein anderer Parasit überträgt so viele Krankheiten wie die Zecke. Zecken übertragen mit ihrem Speichel Bakterien, die z.B. Borreliose auslösen können und sie übertragen Viren, die zu Frühsommer-Meningoenzephalitis (FSME) führen können. Außerdem übertragen sie andere Parasiten wie zum Beispiel die Babesiose und sie übertragen Toxine.

Zwar verlaufen nicht alle dieser Krankheiten tödlich, aber sie können das Leben Deiner Katze sehr stark beeinträchtigen. Aus diesem Grund ist es wichtig, einen Zeckenbiss möglichst zu verhindern und wenn es doch dazu gekommen ist, ihn früh zu erkennen und die Zecke sicher zu entfernen.

Doch was genau passiert eigentlich bei einem Zeckenbiss?

Hat die Zecke einen geeigneten Ort gefunden, ritzt sie die Haut Deiner Katze mit ihrem Mundwerkzeug auf und sticht mit ihrem Saugrüssel in die Wunde. Dabei saugt sie das Blut auf und sondert gleichzeitig ein Sekret ab. Dieses dient zum einen als Betäubungsmittel, damit der Stich unbemerkt bleibt. Zum anderen enthält es einen Entzündungshemmer, der das Immunsystem des Wirtes blockiert und darüber hinaus noch einen Gerinnungshemmer, der dazu führt, dass sich die Wunde nicht verschließt und das Blut weiter fließt. Während ihrer Mahlzeit scheidet die Zecke unverdaute Blutreste durch ihren Darm in die Wunde ihres Wirtes aus, was zur Übertragung der vorhin genannten Krankheitserreger führt.

Leider gibt es gegen viele dieser Krankheiten noch keinen umfassenden Impfschutz, daher ist die Vorbeugung eine der wichtigsten Maßnahmen, die Du ergreifen solltest. Eines der bewährtesten Mittel sind sogenannte Spot-on Präparate, die Du auf den Nacken Deiner Katze träufelst. Diese

Präparate halten im Schnitt bis zu vier Monate an. Der Nachteil ist allerdings, dass Deine Katze auf einmal mit der ganzen toxischen Wirkung der Mittel konfrontiert wird. Treten Unverträglichkeiten oder Nebenwirkungen auf, kannst Du meist keine Gegenmaßnahmen ergreifen.

Eine Alternative sind Zeckenhalsbänder. Diese sollten zur Sicherheit Deiner Katze aber unbedingt im Notfall selbstlösend sein, damit sich Dein Liebling nicht selbst stranguliert, wenn er mal in einem Ast hängen bleiben sollte. Zu den bekanntesten zählen hier die Halsbänder mit dem Wirkstoff Deltamethrin oder mit dem Wirkstoff Amitraz. Beide Halsbänder wirken für die Zecken neurotoxisch und geben ihre Wirkstoffe kontinuierlich in die Fettschicht der Haut ab. Damit ihre Wirkung sich vollends entfaltet, benötigen sie circa eine Woche, dafür halten sie ebenfalls vier bis sechs Monate an.

Der große Vorteil dieser Halsbänder ist, dass die toxische Wirkung nur nach und nach auf den Katzenkörper übertragen wird und dieser somit geschont wird. Bei Unverträglichkeit oder Nebenwirkungen kannst Du das Halsband schnell entfernen.

Der Nachteil von beiden Lösungen ist, dass es sich bei beiden um Nervengifte handelt. Entscheide selbst, ob Du Deine Katze und auch Dich selbst diesem Gift aussetzen möchtest. Durch Streicheln wirst nämlich auch Du in geringem Maße mit dem Nervengift in Berührung kommen. Ein umsichtiger Umgang mit den Mitteln ist daher sehr wichtig. Einige Tierpräparate sind für Katzen außerdem hochgiftig – komme daher niemals auf die Idee, ein Hundepräparat zu verwenden. Lese die Packungsbeilage gründlich und sei Dir sicher, dass das Präparat auch für Katzen entwickelt wurde.

Die oft verbreiteten Bernsteinketten sind im Einsatz vollkommen unbedenklich und harmlos. Das gilt sowohl für Deinen Katze als auch für die Zecken. Es ist wissenschaftlich nicht nachgewiesen, dass sie eine Wirkung auf diese ausüben. Das oft gelobte Hausmittel Knoblauch, mit dem Du Deine Katze einreiben sollst, ist ebenfalls vollkommen wirkungslos. Dasselbe gilt für Duftöle oder Lavendel- oder Zitronenanwendungen. Vielversprechend scheint ein Naturmittel zu sein, dass aus den Blättern des Lemon Eukalyptus gewonnen wird. Dieses erhältst Du sowohl als Halsband, als auch als Spot-On Präparat. Allerdings sind die Tests hier noch in den Anfängen. Die Wirkungszeit beträgt hier jedoch nur vier Wochen, das Präparat muss daher mehrfach aufgetragen werden.

Sollte es trotz der Vorbeugemaßnahmen zu einem Zeckenbiss kommen, ist es wichtig, dass Du die Zecke schnell entfernst. Ob Du dazu eine Zeckenzange, eine Zeckenkarte, ein Zeckenlasso, eine Zeckenpinzette oder eine ganz normale Haushaltspinzette verwendest, ist egal. Nutze das

Werkzeug, mit dem Du Dich am wohlsten fühlst, denn alle funktionieren sehr gut.

Ich persönlich präferiere die Zeckenzange und werde Dir daher jetzt beschreiben, wie Du mit dieser am besten eine Zecke entfernst:

- Als erstes legst Du die Zecke frei, indem Du das Fell an der betroffenen Stelle beiseiteschiebst.
- Setze jetzt die Zange (oder ein anderes Werkzeug Deiner Wahl) so dicht wie möglich an der Haut auf und umfasse die Zecke.
- Ziehe die Zecke jetzt zügig aber auf keinen Fall ruckartig heraus. Zecken haben kein Gewinde, daher solltest Du sie beim rausziehen nicht drehen.
- Im Optimalfall entfernst Du den gesamten Stechapparat der Zecke. Sollte es Dir nicht gelingen, ist das kein Grund zur Panik. Probiere nicht, den Rest noch zu entfernen, damit wirst Du meist nur noch mehr Schaden anrichten. Lasse ihn stecken, er wird nach einer Weile automatisch abgestoßen.
- Vernichte jetzt die Zecke. Dazu solltest Du sie verbrennen, zerquetschen (ich empfehle, dies nur draußen und zwischen Taschentüchern zu

tun) oder in Alkohol zersetzen. Du solltest sie auf keinen Fall lebend im Hausmüll entsorgen oder in der Toilette herunterspülen, denn Zecken sind sehr zähe kleine Tierchen.

- **No-Go:** Verwende bei der Entfernung der Zecke auf keinen Fall Hilfsmittel wie Nagellack-entferner, Alkohol, Öl, Feuer oder Klebstoff. Wenn Du die Zecke damit beträufelst, löst Du bei ihr nur unnötigen Stress aus. Der Stress führt meist dazu, dass die Zecke in die Wunde erbricht und damit noch mehr Krankheitserreger in die Blutbahn Deiner Katze abgibt. Außerdem läufst Du Gefahr, Deine Katze mit diesen Mitteln ebenfalls zu verletzten, insbesondere bei der Anwendung von Feuer!

Abschließend möchte ich nochmal betonen, dass das beste Mittel gegen Erkrankungen durch Zeckenbisse die regelmäßige Fellkontrolle ist. Es gibt momentan kein Mittel auf dem Markt, das ich uneingeschränkt empfehlen kann, da alle ihre Nebenwirkungen haben oder die Wirksamkeit umstritten ist. Je früher Du die Zecken daher entfernst, desto weniger Zeit hatte sie, Krankheitserreger zu übertragen. Es führt aber auch nicht jeder Zeckenbiss zu einer Folgeerkrankung. Das FSME-Virus tragen beispielsweise nur 0,1 bis 5% der Zecken in sich.

Doch was machst Du, wenn Deine Katze erkrankt? Zeigt Deine Russisch Blau nach einem Zeckenbiss Symptome wie Fieber, Abgeschlagenheit oder Erbrechen, solltest Du unbedingt Deinen Tierarzt aufsuchen. Diese Symptome können auch noch bis zu drei Wochen nach dem Biss auftreten, da die Inkubationszeit teilweise so lange anhält. Nur Dein Tierarzt kann abklären, ob sich Deine Katze eventuell eine der von Zecken übertragbaren Krankheiten eingefangen hat. Um dem Tierarzt möglichst genaue Informationen zu liefern, notiere ich mir immer, wann ich die Zecke entdeckt und entfernt habe und mache auch noch ein Foto von der Zecke. So kann der Tierarzt schneller feststellen, um welche Zeckenart es sich handelt und schon vorab ein paar Krankheiten ausschließen.

Außerdem solltest Du in der ersten Woche regelmäßig untersuchen, ob der Biss ordentlich verheilt und sich nicht entzündet. In den meisten Fällen kann ich Dir aus eigener Erfahrung sagen, dass ein Zeckenbiss problemlos und ohne Folgen verheilt. Verfalle daher nicht in Panik, sondern bleibe ruhig und entferne sie vorsichtig.

FLÖHE

Flöhe gehören ebenfalls zu den Insekten und sind wahre Überlebenskünstler. Ihr natürlicher Lebensraum sind zwar Wiesen und Büsche, doch fühlen sie sich auch in beheizten Wohnungen sehr wohl und überleben dort ganzjährig. Ähnlich wie Zecken und Milben warten auch die Flöhe darauf, dass ein passender Wirt vorbeikommt und springen auf diesen. Obwohl sie nur eine Größe von 3 mm erreichen, springen sie bis zu 1 m weit und dabei bis zu 25 cm hoch – eine beachtliche Entfernung für diese kleinen Tierchen.

Weltweit gibt es tausende verschiedene Floharten – doch die deutsche Hauskatze wird meist nur von einer Art befallen: Dem Katzenfloh. Dessen Lieblingswirte sind – wie der Name vermuten lässt – Katzen. Sind diese jedoch nicht vorhanden oder ist der Befall besonders stark, gehen sie auch problemlos auf andere Haustiere oder gar den Menschen über. Entgegen häufigen Vermutungen hat ein Flohbefall nichts mit mangelnder Hygiene zu tun. Die meisten Katzen infizieren sich durch den Kontakt mit anderen Katzen oder Wildtieren – wie beispielsweise Igeln – mit den Flöhen und bringen sie mit in die Wohnungen, wo sich der Befall meist rasant ausbreitet.

Wusstest Du schon, ...

... dass ein Flohweibchen schon nach der ersten Blutmahlzeit anfängt, Eier zu legen?

Und sie legt davon bis zu 50 Stück am Tag! Die Eier fallen aus dem Fell der Katze und liegen im Gras, Teppich oder auf anderen Wohntextilien, bis nach circa einer Woche die Larven schlüpfen. Diese verkriechen sich in kleinen Ritzen und sind nach weiteren 10 Tagen bereit, sich ebenfalls einen Wirt zu suchen. In der Zwischenzeit kann ein einzelner weiblicher Floh aber schon bis zu 850 weitere Eier gelegt haben.

Das A und O beim Flohbefall ist daher, dass Du ihn frühzeitig erkennst, damit es nicht zu einer wahren Invasion an Flöhen kommt. Doch wie bemerkst Du einen Flohbefall?

Das erste Anzeichen ist immer das vermehrte Kratzen Deiner Katze, denn durch den Speichel der Flöhe wird ein starker Juckreiz verursacht. Manche Katzen probieren auch, sich die Flöhe aus dem Fell zu beißen, wobei sie sich häufig selbst verletzen. Allerdings kratzt sich nicht jede Katze häufig genug, damit es Dir gleich von Anfang an auffällt. Auch kann der Juckreiz bei einem leichten Anfangsbefall noch recht gering sein, doch in der Zwischenzeit sammeln sich massenweise Eier auf Deinem Teppich, Deinem Sofa,

Deinen Kissen und vielen anderen Orten in Deiner Wohnung.

Um einen Flohbefall frühzeitig zu erkennen, habe ich mir angewöhnt, bei meiner täglichen Fellpflege darauf zu achten. Zusätzlich zur normalen Bürste habe ich auch immer einen Flohkamm bereitliegen. Dieser ist ein besonders feiner und engmaschiger Spezialkamm, mit dem ich gegen die Wuchsrichtung durchs Katzenfell kämme. Ich klopfe den Kamm anschließend auf einem feuchten Küchenpapier aus und schaue mir genau an, was ich sehe. Sind kleine schwarzbraune Punkte dabei, zerdrücke ich diese vorsichtig. Verfärben sich die Punkte rostbraun bis rötlich, dann handelt es sich dabei sehr wahrscheinlich um Flohkot (verdautes Blut). Verfärbt sich der Punkt nicht, handelt es sich wahrscheinlich um normalen Dreck.

Diesen Schnelltest führe ich an ein paar unterschiedlichen Stellen aus und erhalte so ein recht gutes Bild darüber, ob meine Katze befallen ist oder nicht. Stellst Du mit dieser Untersuchung den Befall Deiner Katze fest, ist schneller Handlungsbedarf gefragt. Denn Du kannst davon ausgehen, dass sich nur 5% der Flöhe zu diesem Zeitpunkt auf Deiner Katze befinden, die restlichen 95% verteilen sich als Flöhe, Larven und Eier auf ihre direkte Umgebung. Daher ist bei einem Flohbefall nicht nur die Behandlung Deiner Katze, sondern auch die Pflege der kompletten Katzenumgebung ein absolutes Muss. Larven können bis zu 6 Monate ohne

Nahrung in einer Sofaritze überleben und nur darauf warten, wieder auf einen Wirt zu springen.

Du solltest Dich daher auf keinen Fall nur auf Präparate wie Halsbänder oder Spot-On Mittel verlassen, die eigentlich zur Vorbeugung gedacht sind. Sie werden lediglich dafür sorgen, dass die Flöhe von Deiner Katze Abstand nehmen und in sicherer Umgebung darauf warten, sie wieder befallen zu können. Oder im schlimmsten Fall nehmen sie mit Dir als Ersatzwirt vorlieb.

Dass dies nicht zielführend ist, brauche ich nicht weiter zu erwähnen. Doch wie gehst Du richtig mit einem Flohbefall um? Ich rate Dir zu folgenden drei Schritten:

1. **Abtötung der Flöhe auf Deiner Russisch Blau**
   Kontaktiere umgehend Deinen Tierarzt und bespreche mit ihm den richtigen Einsatz von Präparaten. Zum einen benötigst Du ein Insektizid (meist in Form von Shampoos, Sprays oder Pulver), das die erwachsenen Flöhe abtötet. Da dieses Mittel allein nicht alle Flöhe töten wird, benötigst Du als Ergänzung noch einen Entwicklungshemmer. Damit beide Mittel ihre volle Wirkung entfalten, müssen sie in festgelegten Intervallen wiederholt angewendet werden. Die genaue Dosierung und die Intervalle solltest Du unbedingt mit Deinem Tierarzt abklären,

denn es handelt sich hierbei um giftige Mittel. Gegebenenfalls müssen auch noch andere in Deinem Haushalt lebende Tiere in die Behandlung miteinbezogen werden. Außerdem können wie bei den Zeckenmitteln auch manche Flohmittel für Katzen tödlich sein. Dein Tierarzt wird darüber genauestens Bescheid wissen und Dich optimal beraten.

2. **Eliminierung der Flohbrut in der Umgebung**

Nachdem Du Dich um die Flöhe auf Deiner Katze gekümmert hast, sagst Du den Flöhen, Eiern und Larven in der Umgebung Deiner Katze den Kampf an. Wische täglich alle Fußböden (inklusive der Ecken) feucht durch und sauge alle Teppiche, Polster und Möbelstücke ab. Anschließend solltest Du den Staubbeutel unbedingt entsorgen und eventuell noch mit Antiflohpulver versetzten. Wasche alle Katzendecken, Auflagen, Kissen und Bezüge mehrfach bei mindestens 60 Grad. Greife gegebenenfalls auf eine chemische Reinigung zurück (beispielsweise bei Sofabezügen oder Teppichen). Denke dabei auch an alle Stofftiere Deiner Katze. Wasche alle Textilien ebenfalls bei mindestens 60 Grad. Behandle alle Liegeflächen Deiner Katze und alle ihre Textilien mit einem speziellen

Antiflohpulver oder einem Umgebungsspray. Lasse Dich bezüglich der Anwendung unbedingt von Deinem Tierarzt beraten. Bespreche mit ihm auch den möglichen Einsatz von sogenannten Foggern, das sind Raumsprays, die Flöhe, Eier und Larven töten. Denke bei all diesen Aktionen auch an Garagen, Abstellräume, Autos und alle weiteren Räume, in denen sich Deine Katze in letzter Zeit aufgehalten hat. Auch sie alle müssen gründlich gereinigt werden. So schwer und unmöglich es klingen mag, musst Du dies mindestens 3 Monate durchhalten, damit Du Dir sicher sein kannst, alle Eier und Larven erwischt zu haben. Hast Du das nicht, ist ein erneuter Flohbefall vorprogrammiert.

3. **Ergreife vorbeugende Maßnahmen**

   Parallel zur Flohkur empfehle ich die Gabe spezieller Antiparasitika, damit sich die aufwendigen und durchaus kostspieligen Maßnahmen zur Bekämpfung des Flohbefalls auch wirklich für Dich lohnen und es nicht zu einem erneuten Befall kommt. Bespreche mit Deinem Tierarzt, was für Deine Katze passend ist. Ich präferiere persönlich repellierende Antiparasitika, durch die der Floh gar nicht erst zum Beißen kommt. Da es sich aber auch hierbei um giftige Pestizide handelt, solltest Du unbedingt Deinen Tierarzt fragen, damit es für Deine Russisch Blau schnell wirksam, aber auch möglichst schonend ist.

Ich hatte bisher in all den Jahren, in denen ich mit Katzen zusammenlebe, das Glück, keinen Flohbefall zu erleben, wofür ich sehr dankbar bin. Von Betroffenen weiß ich allerdings aus erster Hand, wie anstrengend die Bekämpfung für Mensch und Tier werden kann. Alle, die ich kenne und die einen Rückfall hatten, gaben an, dass sie sich nicht zu 100% an die Maßnahmen gehalten haben. Daher kann ich Dir nur empfehlen: Sollte es zum Flohbefall kommen, beiße die Zähne zusammen und halte die 3 Monate zu 100% durch, sonst stehst Du nach kurzer Zeit erneut vor dem Problem!

MAGEN-DARM-ERKRANKUNGEN

Wie wir Menschen kann auch Deine Katze an Magen-Darm-Erkrankungen leiden. In diesem Kapitel bespreche ich mit Dir die vier häufigsten Magen-Darm-Erkrankungen, die bei Russisch Blau Katzen heutzutage auftreten.

Manche Halter sind sich nicht immer bewusst, dass sie ihre Katze einer vermeidbaren Gefahr aussetzen, und das möchte ich ändern. Manchmal sind es Kleinigkeiten, die Du beachten kannst, um Deiner Russisch Blau ein gesünderes Leben zu verschaffen.

Was genau Du machen kannst, erfährst Du auf den nachfolgenden Seiten.

DURCHFALL

Durchfall (welcher medizinisch auch als Diarrhoe bezeichnet wird) bedeutet bei Katzen wie bei Menschen vereinfacht ausgedrückt, dass eine erhöhte Häufigkeit an Stuhlgang anfällt und das dessen Konsistenz meist weich bis flüssig ist. Deine Katze setzt dabei häufig mehr als einen Liter Kot am Tag ab.

Tatsächlich ist Durchfall eines der häufigsten Krankheitssymptome bei Katzen. Die Ursachen sind hierbei vielseitig und können von einer einfachen Magenverstimmung bis hin zu ernsthaften Krankheiten variieren. Wichtig für Dich zu wissen ist, dass nicht jeder Durchfall tierärztlich (oder mit Medikamenten) behandelt werden muss. Der allgemeine Zustand Deines Tieres ist hierbei entscheidend. Beobachte Deine Russisch Blau verstärkt. Sollten die Symptome länger anhalten oder besonders schwer auftreten, solltest Du aber unbedingt einen Tierarzt zu Rate ziehen. Denn in beiden Fällen kann der massive Wasser- und Elektrolyteverlust für Deine Katze gefährlich werden.

Die Ursachen für den Durchfall Deiner Katze sind oft vielfältig. Ich habe die Erfahrung gemacht, dass meist eine (oder auch mehrere) der nachfolgenden 6 Ursachen in Betracht kommen:

1. **Futter:** In diesem Fall erhält Deine Russisch Blau häufig das falsche Futter, die Futterumstellung wurde zu schnell oder falsch durchgeführt oder es liegt eine Futtermittelunverträglichkeit vor. Hast Du kürzlich irgendetwas am Futter Deiner Katze verändert? Manchmal können auch schon einige Eiweiße, Kohlenhydrate oder Zusatzstoffe, die im neuen Futter enthalten sind, einen Durchfall auslösen.

2. **Parasiten:** Freigänger fangen sich schon mal Parasiten ein, die zu Durchfall führen können. Hierauf gehe ich im nächsten Kapitel noch einmal genauer ein.

3. **Viren und Bakterien:** Wie bei uns Menschen können auch Katzen durch Viren und Bakterien Probleme bei der Verdauung bekommen. Ich habe beobachtet, dass dies gerade bei jüngeren Tieren häufiger der Fall sein kann.

4. **Organfehlfunktion:** Chronische Durchfälle werden häufig durch Organfehlfunktionen (wie Schilddrüsenüberfunktion oder Bauchspeicheldrüsenentzündung) verursacht. Zeigt Deine Katze zusätzlich zum Durchfall noch Symptome wie Erbrechen oder starken Gewichtsverlust, könnte dies ein Anzeichen sein.

5. **Vergiftung:** Leider vertragen Katzen viele Pflanzen und Lebensmittel nicht, die für uns Menschen vollkommen ungefährlich sind. Auch Reinigungsmittel oder Medikamente für Menschen bergen für Katzen große Gefahren.

6. **Stress:** Viele Katzen sind überaus stress-empfindlich und das schlägt sich direkt auf den Verdauungsapparat nieder. Bist Du vielleicht gerade umgezogen, gibt es eine neue Person im Haushalt, wurden Möbel umgestellt oder gibt es sonst eine Veränderung im Leben Deiner Katze, die sie stressen könnte?

Solltest Du noch Zweifel daran haben, ob Deine Katze an Durchfall leidet oder nicht, habe ich hier noch die häufigsten Symptome kurz zusammengefasst:

- Der Kot Deiner Katze ist breiig bis wässrig.
- Der Kot ist schleimig.
- Deine Katze presst ohne Erfolg.
- Deine Katze erledigt ihr Geschäft deutlich häufiger als sonst.
- Deine Katze hat an Gewicht verloren.
- Deine Katze trinkt deutlich mehr als gewöhnlich.
- Deine Katze ist müde und abgeschlagen.

Kannst Du eines oder mehrere dieser Symptome feststellen, leidet Deine Katze sehr wahrscheinlich an Durchfall. Doch wie gehst Du als Halter damit um?

Solltest Du Deine Katze noch füttern oder ist es besser, sie fasten zu lassen? Über diesen Punkt streiten tatsächlich viele Experten. Lange Zeit galt das unantastbare Gesetz, dass Katzen bei Durchfall am besten erstmal für 24 Stunden fasten sollen, damit sich der Magen-Darm-Trakt wieder beruhigen kann. Neuere Studien zeigen jedoch, dass eine normale Darmbewegung nur dann wieder stattfinden kann, wenn kleine Mengen an Schonkost verfüttert werden. Ich persönlich habe meinen Katzen schon immer Schonkost angeboten, wenn sie Durchfall hatten, da viele Katzen ein gutes Gespür dafür haben, was ihrem Körper guttut und was nicht. An Schonkost empfehle ich gekochtes Hühnchen oder Pute mit Kartoffelbrei oder Reis. Beides solltest Du selbstverständlich nicht würzen und Milchprodukte solltest Du auf keinen Fall verfüttern, da sie den Durchfall sogar noch verstärken können. Achte zusätzlich darauf, dass Deine Russisch Blau auf jeden Fall genügend Flüssigkeit zu sich nimmt und animiere sie im Zweifel aktiv zum Trinken.

Ein häufig vernachlässigtes Thema bei Durchfall ist leider auch der Freigang. Bitte lasse Deine Katze für mehrere Tage (ich empfehle mindestens 3 Tage, nachdem alle Symptome weg sind) nicht in den Freigang. Zum einen kannst Du sie dabei nicht gut genug beobachten. Du weißt nicht, ob und in welcher Konsistenz sie kotet und bemerkst auch nicht, ob sie sich anders verhält als sonst. Zum anderen kann insbesondere bei Viren, Bakterien und Parasiten die Gefahr bestehen, dass Deine Katze andere Tiere infiziert, und das solltest Du auf jeden Fall vermeiden. Auch wenn Deine Samtpfote miauend vor der Tür sitzt, bitte ich Dich, sei konsequent und schütze damit sowohl Dein Tier als auch die Tiere in Deiner Umgebung.

Dauert der Durchfall länger als 24 Stunden, hat Deine Katze zusätzlich Fieber (Temperaturen ab 39,2°C), frisst sie nicht mehr oder ist sogar Blut im Kot, solltest Du auf keinen Fall zögern und umgehend tierärztlichen Rat einholen. Bei Kitten oder Katzen mit Vorerkrankungen solltest Du ebenfalls vorsichtiger sein als bei einer gesunden und erwachsenen Katze, die sich ansonsten recht normal verhält.

Da Durchfall eines der häufigsten Krankheitssymptome ist, werde ich regelmäßig gefragt, ob es keine guten vorbeugenden Maßnahmen gibt. Meine generelle Antwort darauf lautet: Es kommt darauf an. Da aus meiner Erfahrung heraus die meisten Durchfallerkankungen auf die Nahrung zurückzuführen sind, kann hier tatsächlich viel vorbeugend unternommen werden. Achte darauf, was Du Deiner Katze verfütterst und vermeide auf jeden Fall abrupte Futterumstellungen. Füttere ihr auf keinen Fall Lebensmittel, die für den Menschen gedacht sind und achte darauf, das übrig gebliebene Nassfutter zeitnah zu entsorgen und es nicht noch stehen zu lassen. Giftige Pflanzen müssen unbedingt aus der gesamten Wohnung entfernt und Putzmittel und Medikamente katzensicher verstaut werden. Wenn Du Dich daran hältst, hast Du viele Ursachen bereits beseitigt.

Wie Du Durchfällen, die durch Parasiten verursacht werden, vorbeugen kannst, erfährst Du im nachfolgenden Kapitel.

WÜRMER

Jede Katze, die Freigang erhält, einen katzensicheren Garten zur Verfügung hat oder an der Leine spazieren geht, wird früher oder später mit Würmern in Berührung kommen – das ist leider unausweichlich. Durch all diese Aktivitäten kommen Katzen mit den Ausscheidungen anderer Katzen und Tiere in Berührung. Sie nehmen dabei die Wurmeier über die Nase und den Mund auf. Wichtig für Dich zu wissen ist, dass auch Du die Würmer über Deine Katze aufnehmen kannst. Durch Streicheln oder auch Ablecken der Hände, kannst auch Du mit den Eiern in Verbindung geraten und Dich ebenfalls infizieren. Reine Wohnungskatzen sind übrigens auch nicht vor Würmern sicher, denn sie können sich immer noch über die Nahrung (meist rohen Fisch oder rohes Fleisch) infizieren. Außerdem können sich die Wurmeier bei Spaziergängen auch an Deine Schuhe anheften und so in Deine Wohnung gelangen.

Die bei Katzen gängigsten Würmer sind die folgenden drei:

- **Spulwürmer:** Die Larven werden häufig über die Muttermilch übertragen und entwickeln sich anschließend im Darm weiter. Symptome eines Befalls sind meist Durchfall, Gewichtsverlust, struppiges und ausfallendes Fell.

- **Hakenwürmer:** Die Eier der Hakenwürmer werden über den Katzenkot ausgeschieden. In der Außenwelt schlüpfen daraus Larven, die wiederum durch die Haut in den Organismus ihres Wirtes eindringen und sich dort zu eierlegenden Würmern entwickeln. Symptome eines Befalls sind häufig Abmagerung, Anämie und Durchfall.

- **Bandwürmer:** Der Gurkenbandwurm kann beispielsweise über einen Flohbiss übertragen werden. Andere Bandwürmer nutzen hingegen typische Beutetiere der Katze wie Vögel und Mäuse als Überträger. Je nach Art kann ein ausgewachsener Bandwurm eine Länge von bis zu 80 Zentimetern erreichen. Symptome eines Befalls sind häufig Appetitlosigkeit, Gewichtsverlust, struppiges Fell und Juckreiz im Analbereich.

Bei Deiner Russisch Blau treten die sichtbaren Symptome eines Wurmbefalls häufig erst recht spät auf. Der Juckreiß im Analbereich macht sich meist durch das sogenannte „Schlittenfahren“ bemerkbar, sprich wenn Deine Katze sitzend mit dem Hintern über die Wiese oder den Teppich rutscht. Es kann aber auch sein, dass Deine Katze keinerlei Symptome aufweist, da sie nur als Zwischenwirt für den Wurm agiert. Das ist zum Beispiel beim Fuchsbandwurm der Fall. Bei uns Menschen kann er jedoch zu schweren Leberschäden führen.

Ist Deine Katze mit Würmern befallen, ist eine Wurmkur unumgänglich. Dabei handelt es sich um ein chemisches Mittel, das Du ausschließlich über Deinen Tierarzt erhältst, da es verschreibungspflichtig ist. Die Anzahl und Wiederholung der Wurmkurtabletten hängen sowohl vom Präparat, der Schwere des Wurmbefalls und auch dem Körpergewicht Deiner Katze ab. Halte Dich daher genau an die Vorgaben Deines Tierarztes.

Die heutigen Wurmkuren sind zum Glück deutlich weniger belastend für den Katzenkörper, als dies noch vor ein paar Jahren der Fall war. Die meisten Katzen weisen fast keine Nebenwirkungen mehr auf. Was aber auf jeden Fall betroffen sein wird, ist die Darmflora Deiner Katze, denn diese wird durch die Mittel stark in Mitleidenschaft gezogen.

Eine Prophylaxe oder einen Impfstoff gegen Wurmbefall gibt es bislang nicht. Das hat zur Folge, dass Deine Katze bereits 24 Stunden nach erfolgreich abgeschlossener Wurmkur wieder anfällig für einen neuen Wurmbefall ist.

Viele Tierärzte empfehlen daher, die Katze regelmäßig – sprich alle drei bis vier Monate – prophylaktisch zu entwurmen, damit die Parasiten keine Chance haben, auch wenn die Symptome noch nicht sichtbar sind.

Diese Empfehlung ist jedoch umstritten. Denn die Pharmakonzerne haben bis jetzt noch keine Langzeitstudien über die regelmäßige Anwendung ihrer Präparate. Was genau also die regelmäßige Anwendung bei Deiner Katze dauerhaft bewirkt, ist nicht geklärt.

Wenn Du Deiner Katze die lebenslange Einnahme von Wurmkurtabletten ersparen möchtest, gleichzeitig aber auch sicher gehen willst, dass sie nicht an Würmern erkrankt, dann gibt es noch eine wirkungsvolle Alternative: Die Kotanalyse.

Sammle hierfür an drei aufeinanderfolgenden Tagen eine Kotprobe Deiner Katze. Eine einzelne Kotprobe reicht eventuell nicht aus, da Wurmeier nicht bei jedem Stuhlgang ausgeschieden werden. Reiche diese Kotprobe bei einem tiermedizinischen Labor oder Deinem Tierarzt ein und lasse sie auf Parasitenbefall analysieren. Ist Deine Katze befallen, ist die Wurmkur unumgänglich. Ist sie nicht befallen, kannst Du beruhigt sein und die Analyse, wenn Du willst, in einem regelmäßigen Abstand von ebenfalls drei bis vier Monaten wiederholen.

Diese Variante ist zwar etwas aufwendiger und verlangt auch deutlich mehr Überwindung von einem Katzenhalter ab, aber sie ist auch viel schonender für Deinen Liebling. Eine Analyse kostet zwischen 15 und 30 Euro und bedeutet für Deine Russisch Blau die Vermeidung unnötiger medikamentöser Behandlungen.

Entscheide selbst, was Dir am liebsten ist. Entweder behandelst Du Deine Katze immer erst, wenn ein akuter Befall mit Symptomen vorliegt oder Du verabreichst ihr prophylaktisch regelmäßig die Tabletten oder als dritte Variante lässt Du ihren Kot regelmäßig auf Parasiten untersuchen. Meine persönliche Empfehlung ist, dass Du bei Freigängern Variante 2 oder 3 in Betracht ziehst. Ist Deine Russisch Blau eine reine Wohnungskatze, reicht wahrscheinlich auch ein jährlicher Rhythmus.

Giftige und problematische Substanzen

Wusstest Du, dass es viele Lebensmittel gibt, die von uns Menschen bedenkenlos gegessen werden können, die für Deine Russisch Blau aber gefährlich bis hin zu tödlich sein können?

Die nachfolgenden Lebensmittel solltest Du Deiner Katze daher niemals verfüttern, denn sie können lebensgefährlich für sie sein:

- **Avocado**: Der Inhaltsstoff Persin kann unter anderem schwere Herzmuskelentzündungen hervorrufen und zum Tode führen.
- **Zwiebeln, Knoblauch, Porree, Schnittlauch**: Die in diesen Lebensmitteln enthaltenen Schwefelstoffe zerstören die roten Blutkörperchen Deiner Katze. Gebe ihr daher niemals Essensreste von Dir, in denen sie enthalten sind. Dabei ist es egal, ob diese roh, gekocht oder getrocknet sind. Gewürzpflanzen solltest Du grundsätzlich für Katzen unzugänglich aufbewahren.
- **Schokolade & Kakao**: Kakao und damit auch Schokolade enthält das für Katzen giftige Theobromin und Theophyllin. Je dunkler die Schokolade, desto größer ist der Kakaoanteil und desto giftiger ist die Schokolade. Folgen

können Herzrhythmusstörungen, Muskelzittern und Krampfanfälle sein.

- **Trauben & Rosinen**: Die in Trauben und Rosinen enthaltene Oxalsäure kann zu tödlichem Nierenversagen führen.
- **Rohes Schweinefleisch**: Das für den Menschen ungefährliche Aujeszky-Virus, das in rohem Schweinefleisch enthalten sein kann, ist für Katzen unheilbar und endet immer tödlich.
- **Alkohol**: Eigentlich selbstverständlich, kann Alkohol bei Katzen zu Leber- und Nierenversagen führen.
- **Koffein**: Methylxanthin ist im Koffein enthalten und kann sich fatal auf das Nervensystem Deiner Katze auswirken. Kaffee, Energydrinks und Tee sind daher Tabu.

Nachfolgende Lebensmittel sind zwar meist nicht tödlich, aber dennoch giftig für Deinen Vierbeiner und können zu ernsthaften Problemen führen:

- **Speck**: Besonders fetthaltige Speisen wie Speck oder Geflügelhaut verursachen Stoffwechselerkrankungen und können sowohl die Nieren als auch die Bauchspeicheldrüse in Mitleidenschaft ziehen.

- **Geflügelknochen**: Katzen sollten niemals Geflügelknochen von Dir bekommen, dabei ist es egal, ob sie roh oder gekocht sind. Die dünnen Knochen splittern schnell und können im Hals stecken bleiben.
- **Rohe Bohnen**: Das in rohen Bohnen enthaltene Toxin Phasin hemmt die Proteinbiosynthese und kann die roten Blutkörperchen verkleben. Bohnen sollten daher nur gekocht verfüttert werden.
- **Rohe Nachtschattengewächse**: Rohe Kartoffeln, Tomaten oder Auberginen sollten niemals an Deine Katze verfüttert werden, sie können zu Durchfall, Erbrechen und Störungen der Gehirnfunktionen führen. Besonders gefährlich ist dabei die Schale. Gekocht sind sie aber unproblematisch.
- **Milch**: Da viele Katzen laktoseintolerant sind, solltest Du ihnen keine Milch, die Laktose enthält, servieren.
- **Salz**: Salz kann bei Deiner Katze zu Nierenproblemen führen.

Das war jetzt ein Überblick über die häufigsten und gefährlichsten Substanzen für Deinen Katze. Solltest Du merken, dass Deine Russisch Blau auch andere Nahrung nicht verträgt, solltest Du ihr diese nicht weiter verfüttern.

Außerdem sind zahlreiche Zimmerpflanzen für Katzen gefährlich. Hier habe ich Dir die häufigsten aufgezählt:

- Aloe Vera
- Alpenveilchen
- Amaryllis
- Azalee oder Rhododendron
- Baumfreund (Philodendron)
- Buntwurz (Kaladium)
- Cala
- Chili
- Chrysanthemen
- Efeu
- Efeutute
- Einblatt (Spathiphyllum)
- Kalanchoe
- Lilie
- Mistel

- Narzisse
- Palmfarn (Cycas Revoluta)
- Strahlenaralie (Schefflera)
- Tulpe
- Weihnachtsstern
- Wunderbaum (Rizinus)

Im Interesse Deiner Russisch Blau solltest Du diese Pflanzen aus Deinem Wohnbereich verbannen. Da meine Aufzählung in keinem Fall vollzählig ist, empfehle ich Dir, jede neue Zimmerpflanze auf ihre Katzentauglichkeit hin zu überprüfen. Ein schneller Check im Internet wird Dir sofort sagen, ob sie für Deine Samtpfote giftig ist oder nicht.

KREBSERKRANKUNGEN

Aktuellen Studien zufolge erkrankt jede zweite Katze im Laufe ihres Lebens an einem Tumor. Damit gehören Krebserkrankungen zu den häufigsten Todesursachen von Katzen.

Was genau diese Häufung verursacht, ob es an den Folgen des Zusammenlebens mit uns Menschen liegt, der erhöhten Lebenserwartung, Überzüchtung oder einfach einer verbesserten und intensiveren Veterinärmedizin, ist bisher ungeklärt. Zum Glück gibt es heute viele Therapiemöglichkeiten, die die Lebenserwartung betroffener Katzen deutlich erhöhen können. So kann ein Tumor operativ entfernt werden oder das Wachstum durch Strahlen- oder Chemotherapie gehemmt werden. Auch Radio- und Immuntherapien sind heute eine Möglichkeit, um das Leben Deiner Russisch Blau zu verlängern oder gar zu retten.

Halter sollten bei allen Eingriffen und Möglichkeiten aber immer abwägen, ob sie dadurch nicht nur die Lebensdauer, sondern auch die Lebensqualität der Katze erhöhen. Das Leben durch operative Eingriffe oder Medikamente zu verlängern, wenn es für die Katze nicht mehr lebenswert ist, hilft zwar dem Menschen, aber nicht immer dem Tier. So schwer es manchmal ist, sollte ein Halter in der Lage sein, die richtige Entscheidung für sein Tier zu treffen.

Besser als eine Therapie ist auf jeden Fall die richtige Vorsorge. Doch wie genau diese aussieht, wird stark diskutiert. Eine Relation zur Kastration konnten Tierärzte bisher nicht herstellen. Kastrierte Tiere erkranken genauso häufig wie ihre „intakten" Artgenossen. Einzig in Bezug auf das Alter konnte eine deutliche Relation festgestellt werden. Ältere Katzen erkranken um einiges häufiger als junge.

Die richtige Ernährung wird ebenfalls häufig in Verbindung mit Krebsvorsorge ins Spiel gebracht – wissenschaftliche Beweise hierzu wurden bisher leider nicht erbracht. Aus diesem Grund kann ich Dir leider im Moment noch keine erfolgreiche Vorsorge empfehlen. Was ich Dir allerdings als Tipps mitgeben kann, ist, wie Du auf eine Krebserkrankung frühzeitig aufmerksam werden kannst. Die frühzeitige Erkennung ist überaus wichtig, denn bei Katzen streuen einige Tumore sehr schnell und daher zählt im übertragenen Sinne jede Minute, um die Heilungschancen zu verbessern.

Hier sind die häufigsten Anzeichen dafür, dass Deine Russisch Blau eventuell einen Tumor hat:

- **Knoten auf oder unter der Haut:** Achte bei den täglichen Streicheleinheiten darauf, ob Du Verhärtungen, Knoten oder Beulen auf oder unter der Haut Deiner Russisch Blau spürst.

Diese können an jeder beliebigen Stelle des Körpers auftreten.

- **Appetitlosigkeit und ungewöhnlicher Gewichtsverlust:** Appetitlosigkeit muss nicht unbedingt ein direktes Anzeichen für einen Tumor sein. Hält das Verhalten länger an, solltest Du es aber unbedingt abklären lassen. Nimmt Deine Katze plötzlich ab, ohne dass sich ihr Fressverhalten verändert hat, besteht definitiv Grund zur Sorge. Einige bösartige Tumore verändern nämlich den Stoffwechsel Deiner Russisch Blau. Aber auch das ist kein eindeutiges Signal, da es sich hierbei ebenfalls um einen Parasitenbefall handeln kann.
- **Häufige Durchfälle, blutiges Erbrechen und blutiger Durchfall:** Bei diesen Symptomen solltest Du Deinen Tierarzt aufsuchen. Dazu zählt ebenso, wenn Deine Russisch Blau Probleme dabei hat, Wasser zu lassen oder Kot abzusetzen.
- **Stark nachlassende Ausdauer und Lethargie:** Gerade bei älteren Katzen glauben viele Halter, dass diese Symptome zum Altern dazu gehören. Dem ist auch so, doch tritt es sehr schnell und sehr stark auf, solltest Du aufmerksam werden.

- **Verhaltensänderungen:** Zieht sich Deine Russisch Blau auf einmal von Dir zurück oder ist sie besonders anhänglich, kann auch dies ein Symptom sein.

All diese Symptome können – müssen aber nicht – bedeuten, dass Deine Russisch Blau an Krebs erkrankt ist. Sie bei Deinem Tierarzt abklären zu lassen, wird aber auf keinen Fall schaden. Verfalle aber bitte nie in Panik, denn die von mir aufgezählten Symptome können auch auf deutlich harmlosere Erkrankungen hindeuten, wie zum Beispiel einen Parasitenbefall.

FIEBER

Die Fiebergrenze bei Katzen ist nicht so exakt wie bei uns Menschen. Bei einer gesunden Russisch Blau sollte die Körpertemperatur zwischen 38 und 39° C liegen.

Damit Du weißt, wo die Normaltemperatur bei Deiner Katze liegt, empfehle ich Dir, ihr im gesunden Zustand mehrfach Fieber zu messen. Achte darauf, dass sie sich im Ruhemodus befindet, denn Stress oder körperliche Bewegung können kurzfristig zu einer erhöhten Körpertemperatur führen. Im Allgemeinen sprechen wir ab 39,2 °C von leichtem Fieber. Hier kannst Du noch recht ruhig bleiben. Es kann wie gesagt auch an Stress oder körperlicher Anstrengung liegen.

Steigt das Fieber auf mehr als 40°C an, kannst Du häufig schon mit bloßer Hand fühlen, dass Deine Katze wärmer ist als sonst. Jetzt fängt sie an zu zeigen, dass sie sich nicht wohl fühlt. Das kann sich durch Appetitlosigkeit und allgemeine Unlust oder Trägheit bemerkbar machen.

Steigt das Fieber auf mehr als 41°C, solltest Du Deinen Tierarzt kontaktieren. Bleibt das Fieber über längere Zeit auf diesem hohen Niveau, kann es für Deine Russisch Blau durchaus gefährlich werden.

Richtig gefährlich wird es ab Temperaturen jenseits der 42°C, denn bei dieser Temperatur fangen die körpereigenen

Eiweiße an zu verklumpen – ein Prozess, der nicht rückgängig zu machen ist. Allerspätestens jetzt solltest Du umgehend Deinen Tierarzt oder sogar eine Tierklink aufsuchen.

Fieber an sich muss jedoch nicht unbedingt schlecht sein, da es dem Körper dabei hilft, Erreger zu vernichten. Außerdem zeigt es an, dass das Immunsystem Deiner Katze funktioniert. Fiebersenkende Medikamente sollten erst dann zum Einsatz kommen, wenn das Fieber besonders hoch ansteigt oder über einen längeren Zeitraum andauert. Verwende aber auch hier niemals Medikamente, die für den Menschen gedacht sind. Das kann fatale Folgen haben.

Doch wie misst Du bei Deiner Katze eigentlich Fieber?

Am meisten verbreitet und am genauesten ist es mit einem handelsüblichen Fiebermesser. Ich persönlich habe für meine Katzen einen eigenen Fiebermesser gekauft, um nicht den gleichen wie für uns Menschen zu benutzen. Ich verwende zusätzlich auch noch Einmalhüllen, um die Reinigung anschließend deutlich zu reduzieren. Am besten sind Fiebermesser mit flexibler Spitze, die sind etwas angenehmer und Du verringerst damit gleichzeitig die Verletzungsgefahr.

Feuchte das Thermometer vorher etwas an und sorge dafür, dass es nicht zu kalt ist. Halte den Schwanz Deiner Russisch Blau leicht am Ansatz fest und hebe ihn etwas an. Führe das

Thermometer vorsichtig ein und warte auf das Signal, bis Du es wieder entfernst und die Körpertemperatur abliest.

Übe dieses Prozedere am besten schon mit Deinem Kitten und lobe es ausgiebig fürs Stillhalten. Gehe hierbei ähnlich vor wie bei den anderen Vorsorgeuntersuchungen. Bei besonders scheuen oder ängstlichen Katzen wirst Du mit einem gängigen Fieberthermometer wahrscheinlich Probleme haben. In dem Fall kannst Du auch auf ein Infrarot-Messgerät zurückgreifen. Da hier die Temperatur im Ohr gemessen wird, ist der Messprozess deutlich einfacher und unkomplizierter. Allerdings ist er auch deutlich ungenauer. Daher ist meine erste Wahl bei einer gut erzogenen Katze immer das klassische Fieberthermometer.

Solltest Du kein Fieberthermometer zur Hand haben, kannst Du an folgenden Symptomen erkennen, dass Deine Katze Fieber hat:

- Die Ohrmuscheln Deiner Katze fühlen sich deutlich wärmer bis heiß an.
- Dir fällt auf, dass Deine Katze entweder deutlich mehr als üblich trinkt, obwohl es nicht heiß genug dafür ist, oder sie verweigert das Trinken komplett.
- Beim Streicheln fühlst Du, dass sich Deine Katze wärmer anfühlt als sonst – insbesondere an der Nase.

- Deine Katze macht allgemein einen abgeschlagenen und müden Eindruck, ohne dass Du sie vorher körperlich verausgabt hast.

Treffen diese Symptome zu, kannst Du davon ausgehen, dass Deine Russisch Blau Fieber hat. Beobachte sie genau. Hast Du das Gefühl, dass es schlimmer wird oder dass es über einen langen Zeitraum anhält, solltest Du Deinen Tierarzt kontaktieren.

IMPFUNGEN

Das Thema Impfungen ist bei Katzen mindestens ebenso stark diskutiert und umstritten wie beim Menschen. Anders als beim Menschen herrscht in Deutschland für Tiere allerdings keine generelle Impfpflicht. Es ist somit jedem Halter selbst überlassen, ob er sein Tier impft oder nicht.

Natürlich möchte jeder Halter das Beste für seine Katze, doch wie das erreicht wird, darüber scheiden sich die Geister. Eine Impfung bietet je nach Wirkstoff einen guten bis sehr guten Schutz gegen sowohl bakterielle als auch virale Krankheiten. Sie sorgen dabei nicht nur dafür, dass Deine Katze vor einer Ansteckung geschützt ist, sondern helfen sogar dabei, eine Krankheit ganz auszumerzen oder sie zurückzudrängen. Denn fehlt einem Erreger langfristig und großflächig der nötige Wirt, so minimiert sich seine Population automatisch.

Die ständige Impfkommission Veterinärmedizin (StIKoVet) gibt für Katzen regelmäßig eine Impfempfehlung heraus und unterscheidet dabei nach Core- und Non-Core-Impfungen. Bei Core-Impfungen handelt es sich laut StIKoVet um unverzichtbare Kernimpfungen. Diese sind wichtig, weil die Krankheitsverläufe entweder sehr schwerwiegend sind oder kaum bis keine Behandlungsmöglichkeiten vorliegen. Non-Core Impfungen sind optional und hängen beispielsweise von der Haltungsform, dem Gesundheitszustand oder eventuellen Vorerkrankungen ab.

Zu den Core-Impfungen gehören:

- Feline Panleukopenie (Katzenseuche)
- Katzenschnupfen

Zu den „verzichtbaren", den Non-Core-Impfungen, gehören folgende:

- Felines Leukämievirus (bei Freigängerkatzen bis 7 Jahren zu empfehlen)
- Tollwut (bei Freigängerkatzen zu empfehlen)
- Feline infektiöse Peritonitis (nur bei bestimmten medizinischen Indikatoren)

Falls Du Dir jetzt die Frage stellst, ob Du auch Deine reine Wohnungskatze impfen lasst solltest, kann ich Dir nur von ganzem Herzen dazu raten. Zwar haben Wohnungskatzen, wenn überhaupt, nur einen kontrollierten Kontakt zu Artgenossen und anderen Tieren, es gibt allerdings typische Katzenkrankheiten, die vollkommen ohne direkten Kontakt übertragen werden können. Dazu gehören sowohl die Katzenseuche als auch der Katzenschnupfen. Aus diesem Grund sind die Core-Impfungen für diese beiden Krankheiten sowohl für Wohnungskatzen als auch für Freigänger meiner Ansicht nach unverzichtbar.

Wenn Du Dich für den Impfschutz Deiner Katze entscheidest, ist es wichtig, dass sie sowohl die Grundimmunisierung als auch die Wiederholungsimpfung erhält. Bei der

Grundimmunisierung wird der Immunschutz gegen einen bestimmten Krankheitserreger im Körper Deiner Katze aufgebaut. Die Wiederholungsimpfung sorgt im Anschluss dafür, dass dieser Impfschutz lückenlos bestehen bleibt.

Geimpft werden dürfen allerdings nur Katzen, die gesund sind. Bereits erkrankte Katzen, Katzen mit einem geschwächten Immunsystem oder von Parasiten befallene Katzen dürfen nicht geimpft werden. Viele Experten raten ebenfalls davon ab, zu alte Katzen zu impfen. Eine komplette Voruntersuchung Deiner Katze vor einer Impfung sollte auch immer einen Bluttest beinhalten.

Die Grundimmunisierung Deines Kittens für die Core-Impfungen solltest Du schon vom 8. bis zum 15. Lebensmonat vornehmen. Wie genau der Ablauf und auch die Kosten sind, klärst Du am besten direkt mit Deinem Tierarzt. Auch die Termine für die Wiederholungsimpfungen solltet ihr frühzeitig besprechen und eventuell Erinnerungen durch den Tierarzt vereinbaren.

Wusstest Du schon, ...

... dass in Deutschland die Tollwut seit 2008 als ausgerottet gilt?

Das heißt, dass Du Deine Russisch Blau beispielsweise nicht unbedingt gegen Tollwut impfen lassen musst. Möchtest Du allerdings mit Deiner Katze ins Ausland verreisen, wird die Impfung schnell Pflicht. Auch ist es wichtig, dass Du eine gültige Tollwutimpfung vorweisen kannst, falls Deine Russisch Blau ein anderes Tier oder gar einen Menschen gebissen hat. Andernfalls droht eventuell sogar die Einschläferung.

KATZENSEUCHE UND KATZENSCHNUPFEN

Wie Du durch das vorherige Kapitel weißt, können sowohl reine Wohnungskatzen als auch Freigänger an Katzenseuche und Katzenschnupfen erkranken. Beide Krankheiten sind leider immer noch weit verbreitet und daher werde ich in diesem Kapitel genauer auf sie eingehen.

Bei dem Wort Seuche denken wir Menschen direkt an eine todbringende Krankheit, die stark ansteckend ist. Ebenso ist es auch bei der Katzenseuche. Allerdings kann sie mittlerweile gut behandelt werden und bei rechtzeitig eingeleiteter Behandlung muss heute keine Katze mehr daran sterben. Hervorgerufen wird die Krankheit durch das sogenannte feline Panleukopenie-Virus. Das tückische an diesem Virus ist, dass es äußerst langlebig und resistent ist. Bei Raumtemperatur kann es an Gegenständen (wie Spielzeug, Kleidung oder Körbchen) bis zu einem Jahr überleben und lässt sich auch nicht mit gängigen Desinfektionsmitteln bekämpfen. Eine Neuinfektion ist daher jederzeit wieder möglich und die Übertragung ist daher auch für reine Wohnungskatzen gegeben.

Nach einer Inkubationszeit von zwei bis sechs Tagen kannst Du an Deiner Russisch Blau in der Regel folgende Symptome beobachten:

- Sie wirkt abgeschlagen und müde.

- Sie verliert ihren Appetit.
- Sie leidet an Fieberschüben. Die Temperatur steigt dabei auf bis zu 41°C an, geht zurück, nur um kurz darauf erneut anzusteigen.
- Sie erbricht sich.

Leider sind all diese Signale nicht sehr spezifisch und können auch auf andere Erkrankungen hindeuten. Zusätzlich kann diese Krankheit auch immer mal wieder einen perakuten Verlauf nehmen. Das bedeutet, dass Deine Katze keine der oben genannten Symptome zeigt, sie stattdessen urplötzlich schlimm erkrankt und an dem Schock stirbt. Angriffspunkt des Virus sind immer die Darm-, Knochen- und Lymphgefäße. Erkrankte Tiere leiden daher im weiteren Krankheitsverlauf an blutigem Durchfall. Dabei werden Unmengen an Viren ausgeschieden, die die Krankheit weiterverbreiten. Außerdem werden die weißen Blutkörperchen im Blut verringert, was das Immunsystem massiv schwächt.

In den meisten Fällen befällt das Virus junge Katzen bis zu zwei Jahren, deren Immunsystem noch nicht völlig ausgereift ist. Aber auch erwachsene Katzen können jederzeit, wenn auch seltener, erkranken. Ein Besuch beim Tierarzt ist in diesem Fall unumgänglich. Bei Kitten kann die Krankheit schon innerhalb weniger Stunden zum Tod führen. Bei rechtzeitiger Behandlung liegen die Genesungschancen jedoch recht gut. Dennoch liegen die Mortalitätsraten bei 25-75 %. Die große Schwankung wird vor allem durch den allgemeinen Gesundheitszustand der Katze und den genauen Virusstamm verursacht. Nach der Erkrankung ist Deine Russisch Blau übrigens noch über einen sehr langen Zeitraum für andere Artgenossen ansteckend und sollte daher erst einmal keinen Kontakt zu ungeimpften Katzen haben. Für den Menschen ist das Virus zum Glück ungefährlich.

Im Gegensatz zur Katzenseuche klingt der Katzenschnupfen recht harmlos – doch lasse Dich nicht von seinem Namen täuschen. Gemeint sind damit Erkrankungen der Atemwege und Schleimhäute im Kopfbereich der Katze, die durch verschiedene Viren und Bakterien ausgelöst werden können. Die Katzen können sich entweder gegenseitig anstecken oder ähnlich wie bei der Katzenseuche auch über Gegenstände. Wichtig zu wissen ist für Dich, dass im Gegensatz zur Katzenseuche die bakteriellen Erreger des Katzenschnupfens auch für den Menschen gefährlich werden können!

Nach einer Inkubationszeit von ungefähr 5 Tagen kannst Du meist die nachfolgenden Symptome beobachten:

- Müdigkeit und Abgeschlagenheit
- Fieber

- Verringerter Appetit
- Husten und Schnupfen
- Eitriger Ausfluss aus Augen und Nase

Ist das Tier befallen, verschreibt der Tierarzt zunächst Breitbandantibiotika sowie antiviral wirkende und das Immunsystem stärkende Mittel. Um die genaue Medikation festzustellen, müssen eine Blutprobe und auch Abstriche entnommen werden. Die Behandlung ist meist sehr aufwendig, dauert lange und ist sehr kostenintensiv. Je früher die Krankheit von Dir bemerkt wird, desto größer sind die Heilungschancen Deines Lieblings.

Für beide Krankheiten gilt jedoch: Der beste Schutz ist die Vorbeugung durch eine Impfung. Ich kann sie Dir daher nur noch einmal ans Herz legen und Dir empfehlen, Deinen Tierarzt zu befragen, wenn Du Dir noch unsicher bist.

KASTRATION

Die Katze ist des Deutschen liebstes Haustier. Gemäß einer Statista Erhebung lebten in deutschen Haushalten im Jahr 2019 um die 15 Millionen Katzen. Für dasselbe Jahr geht der deutsche Tierärzteverband davon aus, dass 8 Millionen Hauskatzen mehr oder weniger wild auf der Straße lebten. Eine Zahl, die schockiert und für einige Probleme sorgt. Denn in Deutschland gibt es keine allgemeine Kastrationspflicht für Katzen, auch wenn immer mehr Städte und Gemeinden entsprechende Verordnungen erlassen. Du solltest daher unbedingt prüfen, ob es bei Dir vor Ort besondere Regelungen dazu gibt. Auf der Internetseite des Deutschen Tierschutzbundes findest Du hierzu eine gute Übersicht.

Da Kurzhaarkatzen wie Deine Russisch Blau bereits mit sieben Monaten geschlechtsreif werden, können sich gerade Freigänger meist unkontrolliert vermehren. Die ungewollten Kitten werden leider immer noch allzu oft getötet, ausgesetzt oder in Tierheimen abgegeben. Dass diese aber schon aus allen Nähten platzen und selten noch freie Plätze für Katzen haben, ist kein großes Geheimnis. Neben dem Aspekt der ungewollten Vermehrung kann eine Kastration aber auch noch andere Vorteile für Deine Katze bieten:

- Kastrierte Katzen leben länger. Die Ursache hierfür ist, dass sich kastrierte Katzen weitaus seltener bei Revier- und Konkurrenzkämpfen sowie beim Deckakt mit Krankheiten infizieren. Dazu zählen vor allem Immunschwächekrankheiten wie Katzenaids und Katzenleukämie, die fast immer zum Tod führen.
- Keine Rolligkeit bei Katzen und kein Markierverhalten bei Katern.
- Hormonelle Erkrankungen werden minimiert.
- Die Katzen werden anhänglicher, neigen weniger zum Streunen und werden dadurch auch seltener Opfer von Verkehrsunfällen.

Ob Du Deine Katze kastrieren lässt oder nicht, liegt natürlich im Endeffekt in Deinem Ermessen. Wichtig ist allerdings, dass Du Dich vorab ausgiebig mit der Thematik auseinandersetzt und Dich damit beschäftigst, was Kastration eigentlich bedeutet, was die Vor- und Nachteile sind und wie der Eingriff letztendlich abläuft. Nur wenn Du all diese Informationen gesammelt hast, solltest Du eine Entscheidung zum Wohle Deiner Katze treffen.

Bei einer Kastration sprechen wir von einem tierärztlichen Eingriff, bei dem die Keimdrüsen der Katze entfernt werden. Beim Kater sind das die Hoden, bei der Katze werden die Eierstöcke entfernt. Die Kastration ist ein endgültiger

Eingriff, der nicht wieder rückgängig gemacht werden kann. Der Eingriff wird unter Vollnarkose durchgeführt, was immer ein gewisses Risiko beinhaltet und er kann von Nebenwirkungen begleitet werden.

Wusstest Du schon, ...

... dass entgegen der landläufigen Meinung Kastration und Sterilisation zwei tiermedizinisch vollkommen unterschiedliche Eingriffe sind und nichts mit dem Geschlecht des Tieres zu tun haben?

Von einer Sterilisation sprechen wir, wenn lediglich die Samen- bzw. Eileiter durchtrennt wird. Das Tier ist dann zwar unfruchtbar, der Geschlechtstrieb bleibt aber weiter vorhanden. Aus diesem Grund ist es in Deutschland üblich, sowohl Katzen als auch Kater stets zu kastrieren und nicht zu sterilisieren.

Der richtige Zeitpunkt zum Kastrieren ist zum Einsetzten der Geschlechtsreife, das heißt zwischen dem sechsten und elften Monat. An dem Irrglauben, dass Katzen erst nach der ersten Rolligkeit oder sogar erst nach dem ersten Wurf kastriert werden dürfen, ist wissenschaftlich gesehen nichts dran. Ich würde Dir aber dennoch empfehlen, das Vorgehen hier genau mit Deinem Tierarzt abzusprechen. Die Kosten richten sich nach der geltenden Gebührenordnung für

Tierärzte. Je nach der Schwere des Eingriffs haben die Tierärzte die Möglichkeit den einfachen, zweifachen oder dreifachen Satz anzuwenden. Bei Katern liegt der einfache Satz momentan (Stand 14. Februar 2020) bei 19,24 EUR und bei Katzen bei 57,72 EUR. Dieser Unterschied ist durchaus gerechtfertigt, da der Eingriff bei Katzen ungleich größer ist. Hinzu kommen meist noch Kosten für die Untersuchung, die Narkose und die Wundversorgung.

Wichtig ist, dass der Tierarzt Deine Katze vor der Kastration ausgiebig untersucht, denn nur gesunde Tiere sollten operiert werden. Dazu gehört ebenfalls eine Untersuchung auf Parasitenbefall. Ist es soweit, musst Du darauf achten, dass Du Deine Katze mindestens 12 Stunden vor dem Eingriff nicht fütterst. Auch am Vorabend (wenn dieser mehr als 12 Stunden vor der OP liegt), solltest Du Deine Russisch Blau nicht mehr füttern. Am Tag der OP darf sie zusätzlich nichts mehr trinken.

Damit Du Dir vorab ein Bild davon machen kannst, was während der OP geschieht, beschreibe ich Dir hier zwei Beispielmethoden:

- Bei einem Kater wird für die Kastration der Intimbereich rasiert, desinfiziert und steril abgedeckt. Der Tierarzt schiebt anschließend den Hoden vor den Hodensack und öffnet diesen mit einem Skalpell. Er legt den Hoden samt dem

Samenstrang frei und bindet diesen ab. Jetzt trennt er den Hoden ab und nimmt ihn heraus. Anschließend gibt er den Samenstrang wieder frei und vernäht die Wunde.

- Bei einer Katze wird die Bauchregion rasiert, desinfiziert und steril abgedeckt. Der Skalpellschnitt wird diesmal unterhalb des Bauchnabels angesetzt und über die Unterbauchlänge durchgezogen. Der Tierarzt entnimmt jetzt die Eierstöcke. Die inneren Schnitte werden mit resorbierbaren Fäden vernäht und die äußere OP-Wunde mit nicht resorbierbaren Fäden.

Nach circa zehn Tagen musst Du in beiden Fällen erneut zum Tierarzt, um die äußeren Fäden ziehen zu lassen. Die inneren Fäden lösen sich nach einer bestimmten Zeit von allein auf.

Direkt im Anschluss an die OP wird Deine Katze noch circa eine bis zwei Stunden schlafen. Wenn sie aufwacht, ist sie noch sehr benommen und wird unter starken Schmerzen leiden. Daher ist es wichtig, dass Du ihr die Schmerzmittel nach ärztlicher Anweisung verabreichst und alle aufbrauchst. Katzen können uns oft nicht mitteilen, wenn sie unter Schmerzen leiden. Sie verhalten sich ruhig und bewegen sich nur wenig, die wenigsten geben aktiv Laut.

Du solltest Dich nach einem vollständig überstandenen Eingriff darauf einstellen, dass Deine Katze weniger Futter beziehungsweise mehr Bewegung benötigen wird. Denn durch die Kastration reduziert sich der Stoffwechsel um bis zu 30 Prozent, während das Fressverhalten gleichbleibt. Viele Katzen neigen daher nach einer Kastration zu Übergewicht. Durch eine kontrollierte Fütterung und regelmäßige Spielinhalte kannst Du dem erfolgreich entgegenwirken. Das hat zudem noch den Vorteil, dass es Deiner Katze besser gehen wird und sie sich noch enger an Dich bindet.

Ob Du Deine Russisch Blau diesem Eingriff unterziehen möchtest oder nicht, liegt an Dir. Ich hoffe, dass ich Dir mit diesem Kapitel ein paar zusätzliche Informationen geben konnte, die Dich bei Deiner Entscheidungsfindung unterstützen.

RASSETYPISCHE ERKRANKUNGEN

Mit Deiner Russisch Blau hast Du Dich für eine Rassekatze entschieden, die durch teilweise starke Inzucht leider relativ häufig eine Immunschwäche, Kränklichkeit oder eine verkürzte Lebenserwartung aufzeigt. Bislang sind darüber hinaus keine rassetypischen Erkrankungen bekannt, was über kaum eine andere Rassekatze gesagt werden kann. All diese/Beide Krankheiten können bei Deiner Russisch Blau auftreten, müssen es aber nicht. Diese Immunschwäche kann bei Deiner Russisch Blau auftreten, muss es aber nicht. Genau genommen ist die Wahrscheinlich auch relativ gering, denn es gibt immer um ein Vielfaches mehr gesunde als erkrankte Katzen. Dennoch war es mir wichtig, Dich auf diese rassenspezifischen Krankheiten hinzuweisen, die bei einer Russsich Blau einfach öfters auftauchen als bei anderen Katzenrassen.

CHECKLISTE: FÜR EIN GESUNDES KATZENLEBEN

- ☐ Ernähre ich meine Russisch Blau artgerecht?
- ☐ Hat sie ein normales Gewicht?
- ☐ Hat meine Russisch Blau immer Zugang zu frischem und sauberem Wasser?
- ☐ Lebt meine Russisch Blau in einer sauberen Umgebung (Näpfe, Schlafplätze, Spielzeuge, Katzenklo, etc.)?
- ☐ Führe ich regelmäßige Untersuchungen durch und kenne ich ihre Normaltemperatur? Halte ich gewissenhaft Termine (zum Beispiel zur Impfung) ein?
- ☐ Kümmere ich mich zuverlässig um die Fellpflege meiner Russisch Blau und suche ich dabei insbesondere regelmäßig nach Zecken?
- ☐ Erhält meine Russisch Blau genügend Bewegung? Ist sie körperlich ausgelastet? Kann sie genügend toben, rennen und spielen? Biete ich ihr genügend Abwechslung in ihrem Alltag?
- ☐ Laste ich dieses schlaue Tier auch geistig genügend aus (zum Beispiel durch gezieltes Training)?

- ☐ Kann ich mit einem guten Gewissen behaupten, dass meine Russisch Blau bei mir wirklich glücklich ist oder hätte sie es woanders gegebenenfalls besser?

Checkliste: Katzen-Erste-Hilfe-Set

- ☐ Mittel zur Wunddesinfektion bzw. -heilung (ich empfehle Jodsalbe oder Bepanthen – im Zweifel den Tierarzt fragen)
- ☐ Katzengerechtes Verbandsmaterial
- ☐ Pfotenschuhe
- ☐ Wasserfestes Pflaster
- ☐ Kompressen und Binden
- ☐ Fieberthermometer (mit Einweghüllen)
- ☐ Zeckenzange (oder ein ähnliches Werkzeug zur Entfernung von Zecken)
- ☐ Taschenlampe
- ☐ Eventuell einen Blutstillstift
- ☐ Maulschlinge
- ☐ Einmalhandschuhe
- ☐ Pinzette

- Kapitel 5 -

Sonderkapitel: Katzenfutter selbst kochen

Mir persönlich bereitet es eine große Freude, meine Katzen von Zeit zu Zeit mit einem selbstgekochten Snack oder einem selbstgekochten Gericht zu verwöhnen.

Auf den nachfolgenden Seiten stelle ich Dir daher meine 10 Lieblingsrezepte vor, mit denen ich meine Samtpfoten so richtig verwöhne und die bei ihnen auch wirklich gut ankommen. Beachte aber bitte, dass dieses Futter etwas Besonderes bleiben sollte, da hier nicht der gesamte Nährstoffbedarf abgedeckt wird. Meine Rezepte dienen nicht als Alleinfuttermittel.

Ich wünsche Dir viel Spaß beim Nachkochen und -backen!

REZEPT 1: LACHS-PLÄTZCHEN

Zutaten:

- 125 ml Lachs aus der Dose (abgetropft)
- 250 ml gebröseltes Vollkornbrot
- 60 ml Weizenvollkornmehl
- 1 EL Pflanzenöl
- 1 gequirltes Ei
- ½ TL Bierhefe (z.B. zerdrückte Bierhefetabletten)

Zubereitung:

1. Heize vorab den Backofen auf 180° C vor.
2. Zerdrücke den Lachs in einer Schüssel in winzige Stücke. Ich nehme hierzu meist eine Gabel.
3. Mische die übrigen Zutaten mit dem Lachs und verarbeite sie zu einem Teig.
4. Rolle den Teig auf einer bemehlten Arbeitsfläche aus und steche die Plätzchen mit Hilfe von Ausstechformen aus.
5. Backe die Plätzchen für 15 – 20 Minuten und lasse sie anschließend abkühlen.

In einem luftdicht verschlossenen Gefäß kannst Du die Plätzchen hervorragend im Kühlschrank lagern. Verfüttere pro Tag aber nur einige wenige Plätzchen, da es sich hierbei um keine Vollnahrung handelt.

REZEPT 2: WILDES KARTOFFEL-PLÄTZCHEN

Zutaten:

- 200 g Kartoffelmehl
- 100 g gewolftes[3] Wild (alternativ kannst Du auch Rind, Pferd oder Geflügelherzen verwenden)
- 2 Eier
- 2 EL Rapsöl
- Ca. 50 ml Wasser

Zubereitung:

1. Vermische alle Zutaten miteinander.
2. Rolle den Teig etwa fingerdick auf einer bemehlten Arbeitsfläche aus und steche die Plätzchen mit einer beliebigen Form aus.
3. Lege Sie auf ein mit Backpapier ausgelegtes Backblech.
4. Backe sie bei 160° C für circa 25 Minuten.
5. Lasse sie nach dem Backvorgang abkühlen, dann sind sie servierbereit.

[3] Zerkleinertes und durch eine Lochscheibe gedrücktes Fleisch.

REZEPT 3: LUNGE MIT REIS

Zutaten:

- 250 g Rinderlunge (am besten frisch vom Metzger)
- 125 g Rundkornreis
- 1 Karotte
- 1 Banane
- 1 EL Olivenöl

Zubereitung:

1. Schneide die Rinderlunge klein und koche sie zusammen mit dem Reis für ca. 20 Minuten in 250 ml Wasser.
2. Zerkleinere die Möhre und die Banane in einem Mixer und vermische das Ganze mit dem Olivenöl.
3. Vermische alles mit dem Reis und der Lunge.
4. Serviere alles, wenn das Essen ausreichend abgekühlt ist.

REZEPT 4: HÄHNCHEN MIT HIRSE UND EI

Zutaten:

- 200 g Hähnchen- oder Putenbrust
- 1 gekochtes Ei
- 150 g Hirse
- 1 - 5 Salatblätter
- Etwas Olivenöl

Zubereitung:

1. Koche die Hähnchenbrust in einem Topf mit Wasser auf höchster Stufe gar.
2. Schwitze währenddessen die Hirse mit etwas Olivenöl in einem mittleren Topf an, gebe anschließend etwas Wasser dazu und koche alles auf.
3. Stelle den Topf mit der Hirse auf die kleinste Stufe, gebe einen Deckel auf den Topf und lasse die Hirse für 12 Minuten köcheln. Lasse sie danach abtropfen.
4. Hacke das Ei und die Salatblätter klein und gebe sie zusammen mit der abgetropften Hirse in eine Schüssel.
5. Schneide das fertig gegarte und abgekühlte Fleisch in mundgerechte Stücke und vermische es mit der Hirse und den anderen Zutaten.

6. Lasse das Gericht ausreichend abkühlen, bevor Du es servierst.

REZEPT 5: REIS-HACKFLEISCH-KUCHEN

Zutaten:

- 150 g Hackfleisch (Rind)
- 1 Ei
- 40 g Karotte
- 40 g Zucchini
- 50 g Reis
- 1 Scheibe Vollkornbrot
- 1 Scheibe Toastbrot

Zubereitung:

1. Weiche das Toastbrot in Wasser ein.
2. Rasple die Karotte und die Zucchini.
3. Schneide das Vollkornbrot in kleine Würfel.
4. Drücke die überschüssige Flüssigkeit aus dem eingeweichten Toast.
5. Vermische alle Zutaten zu einer homogenen Masse.
6. Fülle die Masse in eine Backform.
7. Backe den Kuchen bei 200° C für 30 Minuten.
8. Lasse den Kuchen vor dem Verzehr ausreichend auskühlen.

Rezept 6: Rindermix

Zutaten:

- 100 g Rinderschlund
- 40 g Rindermilz
- 40 g grüner Rinderpansen
- 60 g Buchweizen
- 1 Karotte
- ½ Apfel (entkernt)
- 1 EL Rapsöl

Zubereitung:

1. Schneide den Schlund in katzengerechte Stücke und dünste ihn bei niedriger Temperatur.
2. Schneide die Innereien (Milz und Pansen) ebenfalls klein, gare sie aber nicht.
3. Koche den Buchweizen nach Packungsanleitung.
4. Dünste die Karotte im Wasserbad und püriere sie anschließend.
5. Reibe den Apfel klein.
6. Vermenge alle Zutaten zusammen mit dem Öl und fertig ist der gesunde Rindermix.

REZEPT 7: WILDE PUTE (BARF)

Zutaten:

- 2 Putenhälse (am besten direkt vom Metzger)
- 40 g Putenleber
- 100 g Gulasch von der Pute
- 40 g Brokkoli
- 1 Karotte
- 1 EL getrockneter Salbei
- 1 EL Rapsöl

Zubereitung:

1. Portioniere das Fleisch und vermische es.
2. Dünste den Brokkoli leicht an (roh verursacht er Blähungen) und schneide ihn klein.
3. Reibe die Karotte klein.
4. Vermische Karotte und Brokkoli und püriere beides.
5. Hebe den Salbei und das Öl unter.
6. Vermische alles mit dem Fleisch.

REZEPT 8: ITALIENISCHE PUTE

Zutaten:

- 300 g Pute
- 60 g Buchweizennudeln
- 1 Karotte
- 1 Tasse geriebene rote Beete
- 1 EL Leinschrot
- 1 EL Rapsöl

Zubereitung:

1. Schneide die Pute grob klein und dünste sie schonend, bis sie gar ist.
2. Koche die Nudeln weich.
3. Reibe die Karotte klein.
4. Vermische alle Zutaten miteinander und lasse sie abkühlen, bevor Du das Essen servierst.

REZEPT 9: KATZENEIS MIT BANANE UND APFEL

Zutaten:

- 1 Banane
- 1 Apfel
- 1 Packung Hüttenkäse
- 1 EL laktosefreier (!) Jogurt

Zubereitung:

1. Püriere die Banane und den Apfel (diesen vorher bitte entkernen – schälen musst Du ihn nicht).
2. Vermische das Püree mit dem Hüttenkäse und dem Jogurt.
3. Fülle die Masse in kleine Dosen um und friere sie ein.

Bei richtig warmen Temperaturen kannst Du Deiner Katze hiermit eine große Freude bereiten. Ich habe in dem Rezept die beiden Obstsorten genommen, die meine Katzen am liebsten essen, Du kannst sie aber beliebig austauschen. Das Eis stellt für Deine Katze nur einen Snack dar und keine vollwertige Mahlzeit. Ich gebe es meinen Katzen auch immer nur draußen, um eine große Sauerei zu vermeiden.

Rezept 10: Katzeneis mit Leberwurst und Haferflocken

Zutaten:

- 1 Stück Leberwurst
- 20 g Haferflocken
- 1 Packung Hüttenkäse
- 1 EL laktosefreier (!) Jogurt

Zubereitung:

1. Vermische alle Zutaten miteinander.
2. Fülle die Masse in kleine Dosen um und friere diese ein.

- Kapitel 6 -

FAZIT

Es ist geschafft! Du hast Dir durch die vorangegangenen Kapitel ein umfangreiches Wissen über die Ernährung und Pflege Deiner Russisch Blau angeeignet. Dieses Wissen wird Dich nicht nur dabei unterstützen, die richtige Ernährung für Deine Russisch Blau zu finden, sondern auch in Krankheitssituationen einen ruhigen Kopf zu behalten. Außerdem weißt Du jetzt, worauf es bei der Körperpflege Deiner Katze ankommt. Du kennst Dich aus in Bezug auf die regelmäßige Untersuchung der Augen, der Ohren, des Gebisses, der Pfoten, des Fells und der Haut.

Du weißt genau, worauf Du achten musst, um Krankheiten oder einen Parasitenbefall frühzeitig zu erkennen. Darüber hinaus hast Du gelernt, was bei Deiner Katze normal ist und was Du besser vom Tierarzt überprüfen lassen solltest. Du hast jetzt ein gut sortiertes Pflegesortiment für Deine Russisch Blau und ein eigens auf ihre Bedürfnisse angepasstes Erste-Hilfe-Set.

Und auch in Sachen Ernährung bist Du gut aufgestellt. Du weißt jetzt, worauf Du bei Fertigfutter zu achten hast und kennst auch die Vor- und Nachteile alternativer Ernährungsmethoden wie selbstgekochtem Essen, BARFen oder Vegetarismus und Veganismus. Darüber hinaus kennst Du jetzt den Wasserbedarf Deiner Katze und kannst sie mit einfachen Tricks zum Trinken animieren. Durch die Rezepte im Sonderkapitel kannst Du Deinem vierbeinigen Freund ab und zu eine besondere Freude bereiten. Mein absoluter Tipp ist dabei das Eis an richtig heißen Tagen – Deine Russisch Blau wird Dir unglaublich dankbar sein!

Ich wünsche euch beiden von Herzen alles Gute und dass ihr gerade die Tipps in Bezug auf mögliche Krankheiten möglichst nie brauchen werdet! Und falls doch, bin ich mir sicher, dass Du sie jetzt früh genug erkennen wirst.

BUCHEMPFEHLUNG FÜR DICH

Hole Dir jetzt den ersten Teil und erfahre, wie Du Dein Russisch Blau Kitten erziehst!

RUSSISCH BLAU KATZENERZIEHUNG - Ratgeber zur Erziehung einer Katze der Russisch Blau Rasse

Katzenerziehung wird häufig:
» ... als unnötig angesehen,
» ... als unmöglich bezeichnet und
» ... von den wenigsten Katzenhaltern angegangen.

Doch was macht Katzenerziehung wirklich aus und wofür ist sie überhaupt gut? Und wie können Deine Russisch Blau und Du auch völlig ohne Erfahrung davon profitieren?

Das Wichtigste ist, erst einmal zu verstehen, wie eine Katze ihre Umwelt wahrnimmt, was für sie „normal" ist und wie Du das für Dich nutzen kannst. Darüber hinaus sind die Eigenheiten einer jeden Rasse entscheidend, wenn es um die spätere Erziehung geht. Deine Russisch Blau weist beispielsweise andere Charaktereigenschaften als eine Perserkatze auf und genau diese sind in der Katzenerziehung zu berücksichtigen.

Sei gespannt auf viele Hintergründe, Erfahrungsberichte, Schritt-für-Schritt-Anleitungen und Geheimtipps, die sich maßgeschneidert auf Deine Russisch Blau beziehen.

Sichere Dir noch heute dieses Buch und erfahre...

» ... wie Deine Russisch Blau ihre Welt wahrnimmt
» ... und wie Du sie darauf aufbauend am besten erziehst.

Hole Dir jetzt den zweiten Teil und erfahre, wie Du Deine Russisch Blau beschäftigst und trainierst!

RUSSISCH BLAU KATZENTRAINING - Ratgeber zum Trainieren einer Katze der Russisch Blau Rasse

Katzentraining wird häufig ...
» ... mit der Grunderziehung des Kittens verwechselt
» ... nur für besonders begabte Katzen in Betracht gezogen
» ... als zu schwierig angesehen, um es ohne vorherige Erfahrung zu schaffen

Doch was macht Katzentraining wirklich aus und wofür ist es überhaupt gut? Und wie können Deine Russisch Blau und Du auch völlig ohne Erfahrung davon profitieren?

Hast Du manchmal das Gefühl, dass Deine Katze zu viel überschüssige Energie hat und nicht richtig ausgelastet oder gelangweilt ist? Dann ist Katzentraining genau das Richtige für Dich. Die einfachen aber hoch effektiven Methoden des Katzentrainings werden Dir dabei helfen, Deine Russisch Blau artgerecht und noch wichtiger mit Spaß und Freude auszulasten und eine starke Bindung zwischen euch zu entwickeln.

Sei gespannt auf viele Hintergründe, Erfahrungsberichte, Schritt-für-Schritt-Anleitungen und Geheimtipps, die sich maßgeschneidert auf Deine Russisch Blau beziehen.

Sichere Dir noch heute dieses Buch und erfahre...
» ... wie Du eine einzigartige Beziehung zu Deiner Russisch Blau aufbaust und
» ... wie Du sie nicht nur körperlich, sondern auch geistig und artgerecht auslastest.

Hole Dir jetzt das neue Mandala Malbuch mit 55 wunderschönen Katzenmotiven!

MANDALA MALBUCH KATZEN - 55 tierische Motive (Motiv Katze) zum Malen für Erwachsene und Kinder

Du liebst das Ausmalen und Katzen haben es Dir ganz besonders angetan? Oder Du bist zurzeit sehr gestresst und brauchst einfach mal einen Moment der Entspannung, einen Augenblick, in dem Du abschalten kannst und nur für Dich bist?

Mit diesem Buch erreichst Du genau das. Im Innenteil erwarten Dich 55 handverlesene Motive von Katzen, die darauf warten, von Dir zum Leben erweckt zu werden. Jedes Bild ist mit großer Sorgfalt erstellt worden und erschafft eine wunderschöne Kombination aus Tierzeichnung und Mandala.

Beim Ausmalen der Bilder wirst Du bemerken,

»... wie Du komplett in die Welt der fantastischen Mandalas eintauchst,

»... wie Dein Körper und Geist zur Ruhe kommen und

»... wie Du mit Achtsamkeit und Geduld den Stress hinter Dir lässt.

Tauche ein in die Welt der Mandalas und entdecke in diesem Malbuch 55 wunderschöne und individuelle Katzenmandalas.

Lasse Deiner Kreativität freien Lauf und genieße einen Moment der Ruhe und Gelassenheit, der Dir ganz allein gehört.

HAT DIR MEIN BUCH GEFALLEN?

Du hast mein Buch gelesen und weißt jetzt, wie Du Deine Russisch Blau richtig pflegst und wie Du mit möglichen Erkrankungen umgehst. Und genau deshalb bitte ich Dich jetzt um einen kleinen Gefallen. Rezensionen sind bei Amazon ein wichtiger Bestandteil von jedem angebotenen Produkt. Es ist mit das Erste, worauf Kunden schauen und nicht selten geben die Rezensionen später den entscheidenden Ausschlag ein Produkt zu kaufen oder nicht. Gerade bei der endlos großen Auswahl von Amazon wird dieser Faktor immer wichtiger.

Wenn Dir mein Buch gefallen hat, wäre ich Dir mehr als dankbar, wenn Du mir eine Bewertung hinterlässt. Wie Du das machst? Klicke einfach auf meiner Amazon Produktseite auf folgenden Button:

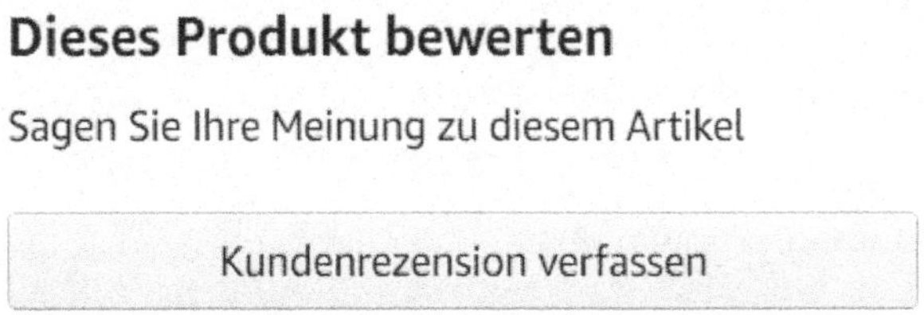

Schreibe einfach kurz, was Dir ganz besonders gut gefallen hat oder wie ich das Buch vielleicht noch besser machen kann. Es dauert nicht länger als 2 Minuten, versprochen! Du kannst Dir sicher sein, dass ich persönlich jede Rezension lese, denn es hilft mir sehr stark dabei, meine Bücher noch besser zu machen und sie genau an eure Wünsche anzupassen.

Daher sage ich Dir:

HERZLICHEN DANK!

Deine Susanne

QUELLENANGABEN

Die Haltung von Katzen, unter Beteiligung von Deutscher Tierschutzbund, 2007

Artgerechte Haltung von Katzen in der Wohnung, von del Amo, Celina erschienen in team.konkret, 01.02.2011

Katzen: Spielgefährten auf Samtpfoten ; [Tips für den Kauf ; Katzenhaltung und -pflege ; mit Katzen leben ; Lexikon der Katzenrassen], von Grau, Joachim, 1998

Hygiene und Ernährung bei der Haltung von Hunden und Katzen, von Kraft, H erschienen in Praktische Tierarzt

Krankheiten der Katze:2 Management von Haltung und Zucht, 6., aktualisierte Auflage., erschienen in Krankheiten der Katze, 2019

Katzen: unsere zärtlichen Freunde ; Anschaffung, Rassen, Abstammung, Erziehung, Pflege, Gesundheit, Zusammenleben, unter Beteiligung von Breuer, Antje, 1999

Unsauberkeit bei Katzen: Ursachen verstehen, vorbeugen und helfen, 1. Aufl., von Jones, Renate, 2013

DuMont's grosses Katzenbuch: Wesen und Verhalten, Anschaffung, Pflege und Ernährung, Krankheiten ; Zucht, Rassen, Katzenausstellungen, von Cutts, Paddy, 1993

Zur Kulturgeschichte der Hauskatze unter besonderer Berücksichtigung ihrer Erkrankungen, von Jores, Nicola Lesley, 2004

Verhaltensstörungen bei der Katze:24 Vorbeugung von Problemen in der Katzenhaltung, erschienen in Verhaltensmedizin bei Hund und Katze, 2016

Untersuchungen zur Zeckenfauna bei Katzen in Niederbayern, von Nitschke, Katja, 12.07.2014

Akute Schmerzen bei Katzen erkennen – Ein Leitfaden für die Praxis, von Robertson, Sheilah A erschienen in Kleintier konkret, 01.12.2010

Stressbestimmung bei Katzen mit Flohbefall, von Greiner, Lena, 09.02.2013

Das Hobbythek-Katzenbuch: Tips und Rezepte für gesundes Futter und natürliche Pflege, 1. Aufl., von Norten, Ellen Pütz, Jean, 1997

Cattitude: Wie wir Katzen in der Tierarztpraxis verstehen und ihnen das Leben leichter machen. Zusatzmaterial online: Protokolle und Besitzerfragebögen, von Drensler, Angelika, 2018

Empfehlung zur Bekämpfung von Würmern bei Hunden und Katzen, von Schnieder, Thomas erschienen in team spiegel, 01.02.2008

Gesunde Katzen: Schmusen ohne Gefahr, von Mehlhorn, Birgit Mehlhorn, Heinz, 1993

Wenn Katzen älter werden: Gesund und fit bis ins hohe Alter, von Vorbrich, Susanne, 2015

Wenn Katzen kochen könnten: Leckeres für Naschkatzen und Gourmets, von Cramer, Traute, 2015

Katzen: Verhalten . Pflege und Haltung . Rassen, von Claire Bessant, 2008

Die grosse Enzyklopädie der Katzen: Rassen - Haltung – Pflege, von Paddy Cutts, 2006

Alles über Katzen: Haltung, Pflege, Rassen, von Gerber, Bärbel Bielfeld, Horst, 1983

300 Fragen zur Katze, von Gerd Ludwig, 2006

Wohnungskatzen, von Gabriele Linke-Grün, 2012

Russisch-Blau-Katzen. Kauf - Haltung – Pflege, Annelises Donay-Weber, 1983

Impressum

1. Auflage

 Herausgeber: GbR, Martin Seidel und Corinna Krupp, Bachstraße 37, 53498 Bad Breisig, Deutschland, Firmenemail: info@expertengruppeverlag.de, Coverfoto/Fotos: www.depositphoto.com. Sämtliche hier dargestellten Inhalte dienen ausschließlich der neutralen Information. Sie stellen keinerlei Empfehlung oder Bewerbung der beschriebenen oder erwähnten Methoden dar. Dieses Buch erhebt weder einen Anspruch auf Vollständigkeit, noch kann die Aktualität und Richtigkeit der hier dargebotenen Informationen garantiert werden. Dieses Buch ersetzt keinesfalls die fachliche Beratung und Betreuung durch einen Tierarzt. Der Autor und die Herausgeber übernehmen keine Haftung für Unannehmlichkeiten oder Schäden, die sich aus der Anwendung der hier dargestellten Information ergeben.

Made in the USA
Monee, IL
10 November 2020

Made in the USA
Monee, IL
04 November 2026

67383094R00115